絵で見てわかる
量子コンピュータの仕組み

Quantum Computer

宇津木 健＝著
徳永裕己＝監修

SHOEISHA

本書内容に関するお問い合わせについて

このたびは翔泳社の書籍をお買い上げいただき、誠にありがとうございます。弊社では、読者の皆様からのお問い合わせに適切に対応させていただくため、以下のガイドラインへのご協力をお願い致しております。下記項目をお読みいただき、手順に従ってお問い合わせください。

●ご質問される前に

弊社Webサイトの「正誤表」をご参照ください。これまでに判明した正誤や追加情報を掲載しています。

正誤表　https://www.shoeisha.co.jp/book/errata/

●ご質問方法

弊社Webサイトの「刊行物Q&A」をご利用ください。

刊行物Q&A　https://www.shoeisha.co.jp/book/qa/

インターネットをご利用でない場合は、FAXまたは郵便にて、下記"翔泳社 愛読者サービスセンター"までお問い合わせください。
電話でのご質問は、お受けしておりません。

●回答について

回答は、ご質問いただいた手段によってご返事申し上げます。ご質問の内容によっては、回答に数日ないしはそれ以上の期間を要する場合があります。

●ご質問に際してのご注意

本書の対象を越えるもの、記述個所を特定されないもの、また読者固有の環境に起因するご質問等にはお答えできませんので、予めご了承ください。

●郵便物送付先およびFAX番号

送付先住所　〒160-0006　東京都新宿区舟町5
FAX番号　　03-5362-3818
宛先　　　　（株）翔泳社 愛読者サービスセンター

※本書に記載されたURL等は予告なく変更される場合があります。
※本書の出版にあたっては正確な記述につとめましたが、著者や出版社などのいずれも、本書の内容に対してなんらかの保証をするものではなく、内容やサンプルに基づくいかなる運用結果に関してもいっさいの責任を負いません。
※本書に掲載されているサンプルプログラムやスクリプト、および実行結果を記した画面イメージなどは、特定の設定に基づいた環境にて再現される一例です。

※本書に記載されている会社名、製品名はそれぞれ各社の商標および登録商標です。
※本書の内容は2019年7月10日現在の情報に基づいています。

はじめに

　この本を手に取って頂き誠にありがとうございます。本書は、物理学の専門家でない方に、量子コンピュータに携わる最初の「入り口」として使ってもらえることを目指して執筆した解説書です。

　現在、にわかに「量子コンピュータ」という言葉をニュースでも目にするようになり、次世代技術の代名詞の一つになってきている印象を受けます。「量子コンピュータ」というキーワードが専門外の方々の目に触れる機会も増えてきました。しかし、量子コンピュータについて、その全体像を解説した初学者向けの書籍はなかなか少ないのが現状だと思います。また、量子コンピュータについてインターネットで検索してみると、情報がインターネット上に散らばっており、まとまったものが少ないことに気付きます。現在の量子コンピュータに関する報道記事や解説記事は、記事によってそれぞれの量子コンピュータについての考え方があり、なかなか本当の現状が見えにくい状態となっています。そのために、量子コンピュータはどのくらい実用化しそうなのか？どんな原理で動くものなのか？どんな方式があって何が違うのか？といったことがなかなか把握しづらいと思います。

　量子コンピュータは、機械学習やIoT、VR/ARなどの次世代技術とは異なり、量子物理学や情報理論、計算機科学の基礎研究という側面が強く、実際に作ったり、使ったりしてみて理解することがなかなか難しいです。また、一般向けの解説書は、比喩を使い量子的な性質について説明することが多いのですが、その先のもう少し詳しい解説はあまりなく、専門書や論文を読まなければならなくなります。本書は、一般向け解説と専門書／論文の間の位置付けで、量子コンピュータ関連の情報のガイドマップとなることを目指しました。「まずはガイドマップがないと進むべき方向がわからない」そんな読者に使っていただけたら嬉しいです。

2019年5月吉日

宇津木　健

本書の構成

　本書は、量子コンピュータの全般的な知識が網羅されるように構成しました。非専門家の方がわかりやすいよう、専門用語や専門知識は一切必要なく読んで頂けることを目指しました。また、量子コンピュータ関連のニュースを読んでいてわからないときに参考にして頂けるようにしたつもりです。そのため、量子コンピュータに直接関係はないが、関連してでてくるキーワードについても記載されています。各章の内容は、深入りせず、キーワードの説明程度にとどまっている部分も多いです。これは、それぞれの専門書への入り口を目指したためです。巻末の参考文献を参考に次のステップに進んでいただければ幸いです。

■会員特典データのご案内
本書の読者特典として、『[付録]絵と数式でわかる量子コンピュータの仕組み』のPDFデータを用意しています。
会員特典データは、以下のサイトからダウンロードして入手いただけます。
https://www.shoeisha.co.jp/book/present/9784798157467

●注意
※会員特典データのダウンロードには、SHOEISHA iD（翔泳社が運営する無料の
　会員制度）への会員特典が必要です。詳しくは、Webサイトをご覧ください。
※会員特典データに関する権利は著者および株式会社翔泳社が所有しています。許
　可なく配布したり、Webサイトに転載したりすることはできません。
※会員特典データの提供は予告なく終了することがあります。予めご了承ください。

CONTENTS

【第1章】量子コンピュータ入門　1

1.1　量子コンピュータって何？……2
1.1.1　計算とは何か？……2
1.1.2　コンピュータの限界……3
1.1.3　量子コンピュータとは何か？……4
1.1.4　量子コンピュータと古典コンピュータ……5
1.1.5　量子コンピュータの種類……6
1.1.6　量子計算モデルの種類……8

1.2　量子コンピュータの基本……10
1.2.1　量子コンピュータの動作の流れ……10
1.2.2　量子コンピュータの開発ロードマップ……12
1.2.3　ノイマン型から非ノイマン型コンピュータへ……13
1.2.4　非古典コンピュータ……15
1.2.5　非万能量子コンピュータ……16
1.2.6　NISQ（ニスク）……17
1.2.7　万能量子コンピュータ……18

1.3　量子コンピュータの未来像……20
1.3.1　量子コンピュータの現状……20
1.3.2　量子コンピュータの使われ方……21
1.3.3　将来の計算機環境の想像……21

【第2章】量子コンピュータへの期待　25

2.1　古典コンピュータが苦手な問題とは？……26
2.1.1　多項式時間で解ける問題……26
2.1.2　多項式時間での解法が知られていない問題……27

2.2　量子コンピュータが活躍する問題とは？……29
2.2.1　量子コンピュータが活躍する問題……29

2.2.2　近い将来に期待される効果……30

2.3　注目の背景……33

【第3章】量子ビット　37

3.1　古典ビットと量子ビット……38

3.1.1　古典コンピュータの情報の最小単位「古典ビット」……38

3.1.2　量子コンピュータの情報の最小単位「量子ビット」……39

3.1.3　重ね合わせ状態の表し方……40

3.1.4　量子ビットの測定……42

3.1.5　矢印の射影と測定確率……43

3.2　量子力学と量子ビット……45

3.2.1　古典物理学と量子物理学……45

3.2.2　古典計算と量子計算……46

3.2.3　量子力学のはじまり：電子と光……46

3.2.4　波の性質と粒子の性質……47

3.2.5　量子ビットの波と粒子の性質……50

3.2.6　量子ビットの測定確率……51

3.3　量子ビットの表し方……53

3.3.1　量子状態を表す記号（ブラケット記法）……53

3.3.2　量子状態を表す図（ブロッホ球）……54

3.3.3　量子ビットを波で表す……55

3.3.4　複数量子ビットの表し方……57

3.3.5　まとめ……59

【第4章】量子ゲート入門　63

4.1　量子ゲートとは？……64

4.1.1　古典コンピュータ：論理ゲート……64

4.1.2　量子コンピュータ：量子ゲート……65

4.1.3　単一量子ビットゲート……66

4.1.4　多量子ビットゲート……67

4.2 量子ゲートの働き……69

4.2.1 Xゲート（ビットフリップゲート）……69

4.2.2 Zゲート（位相フリップゲート）……70

4.2.3 Hゲート（アダマールゲート）……71

4.2.4 2量子ビットに働くCNOTゲート……72

4.2.5 HゲートとCNOTゲートによる量子もつれ状態の生成……73

4.2.6 測定（計算基底による測定）……74

4.2.7 量子もつれ状態の性質……76

4.3 量子ゲートの組み合わせ……79

4.3.1 SWAP回路……79

4.3.2 足し算回路……80

4.3.3 足し算回路による並列計算……81

4.3.4 可逆計算……82

【第5章】量子回路入門　85

5.1 量子テレポーテーション……86

5.1.1 状況設定……86

5.1.2 量子もつれ状態の2量子ビット……86

5.1.3 量子テレポーテーション……87

5.1.4 量子回路による表現……88

5.1.5 量子テレポーテーションの特徴……89

5.2 高速計算の仕組み……91

5.2.1 波の干渉……91

5.2.2 同時にすべての状態を保持する：重ね合わせ状態……92

5.2.3 確率振幅の増幅と結果の測定……93

5.2.4 量子コンピュータによる高速計算の例：隠れた周期性の発見……95

5.2.5 量子もつれ状態……97

5.2.6 まとめ……99

【第6章】量子アルゴリズム入門　101

6.1　量子アルゴリズムの現状……102
6.2　グローバーのアルゴリズム……103
  6.2.1　概要……103
  6.2.2　量子回路……104
6.3　ショアのアルゴリズム……108
  6.3.1　概要……108
  6.3.2　計算方法……110
6.4　量子古典ハイブリッドアルゴリズム……112
  6.4.1　量子化学計算……112
  6.4.2　VQE（Variational Quantum Eigensolver）……114
6.5　量子コンピュータを取り巻くシステム……115

【第7章】量子アニーリング　121

7.1　イジングモデル……122
  7.1.1　スピンと量子ビット……122
  7.1.2　イジングモデルにおける相互作用……123
  7.1.3　不安定な状態、フラストレーション……124
  7.1.4　イジングモデルのエネルギー……125
  7.1.5　イジングモデルの基底状態を見つける問題……126
7.2　組合せ最適化問題と量子アニーリング……127
  7.2.1　組合せ最適化問題とは？……127
  7.2.2　組合せ最適化としてのイジングモデル……128
  7.2.3　組合せ最適化問題の枠組み……128
  7.2.4　組合せ最適化問題の解き方……129
7.3　シミュレーテッドアニーリング……131
  7.3.1　イジングモデルの基底状態の探索……131
  7.3.2　エネルギーランドスケープ……132
  7.3.3　最急降下法とローカルミニマム……133
  7.3.4　シミュレーテッドアニーリング……134

7.4　量子アニーリング……136

7.4.1　量子アニーリングの位置付け……136

7.4.2　量子アニーリングの計算方法1：初期化……137

7.4.3　量子アニーリングの計算方法2：アニーリング操作……138

7.4.4　エネルギーの壁をすり抜ける……139

7.4.5　量子アニーリングは1億倍高速か？……140

7.4.6　量子アニーラーの実際……141

【第8章】量子ビットの作り方　145

8.1　量子コンピュータの性能指標……146

8.2　量子ビットの実現方式……147

8.3　超伝導回路……149

8.3.1　超伝導回路による量子ビットの実現……149

8.3.2　ジョセフソン接合……149

8.3.3　トランズモンと磁束量子ビット……150

8.3.4　NISQによる量子スプレマシーの実証……152

8.4　トラップイオン／冷却原子……153

8.4.1　トラップイオンによる量子ビット……153

8.4.2　冷却中性原子による量子ビット……154

8.5　半導体量子ドット……156

8.6　ダイヤモンドNVセンター……157

8.7　光を用いた量子ビット……158

8.7.1　光子を用いた量子計算……158

8.7.2　連続量を用いた量子計算……159

8.8　トポロジカル超伝導体……161

Column

量子コンピュータの誕生に至る道のり……23

計算量理論……35

量子エラー訂正……61

量子計算の万能性とは……84

量子力学における測定の不思議……100

量子回路モデル以外の量子計算モデル……118

量子アニーラー以外のアニーラー……143

純粋状態と混合状態……162

量子コンピュータの計算方法のまとめ……165

画像の出典

第1章、図1.13
JohnvonNeumann-LosAlamos.gif
（https://en.wikipedia.org/wiki/John_von_Neumann#/media/File:JohnvonNeumann-LosAlamos.gif）

第7章、図7.15
D-wave computer inside of the Pleiades supercomputer.jpg
This file is licensed under the Creative Commons Attribution-Share Alike 4.0 nternational license.
Author　Oleg Alexandrov
（https://commons.wikimedia.org/wiki/File:D-wave_computer_inside_of_the_Pleiades_supercomputer.jpg）

第8章、図8.6
左：David J. Wineland 3 2012.jpg
This file is licensed under the Creative Commons Attribution 2.0 Generic license.
Author　Bengt Nyman
（https://commons.wikimedia.org/wiki/File:David_J._Wineland_3_2012.jpg）
右：Chris Monroe in Lab.jpg
This file is licensed under the Creative Commons Attribution-Share Alike 3.0 Unported license.
Author　Marym1234
（https://commons.wikimedia.org/wiki/File:Chris_Monroe_in_Lab.jpg）

第1章

量子コンピュータ入門

本章では、現在のコンピュータから量子コンピュータに至るまでの
背景と、実際に量子コンピュータが実現した場合の使われ方を解
説することで、量子コンピュータとはどんなものなのかというイメー
ジをつかみます。

1.1 量子コンピュータって何？

量子コンピュータは、これまでのコンピュータとは異なる新しい計算機です。本書の最初に、量子コンピュータがどのような計算機なのかその位置付けを説明します。

1.1.1 計算とは何か？

計算とはなんでしょう？　小学1年生の頃、算数を習い始めたときのことを思い出してください。1から9までの数字を習い、足したり引いたり掛けたり割ったりすることを学びました。これにより物を数えたり、時間を計算して予定を立てたり、お金を計算したりして日常生活を送ることができるようになりました。

その後、さらに複雑な計算の方法を学んで、製品を製造したり、建物を設計したり、地球環境を測定したり、さまざまな仕事で計算が使われていることを学んできました。しかし、私たち人間は、大した計算能力をもっていないということを高校生くらいのときに理解し始めます。大きな数字の計算は、筆算で5桁くらい、図形の計算は単純な円や三角形が限界で、それ以上大きな数や複雑な図形などの場合、頭がこんがらがってしまい計算できません。

そこで、計算機を使います。計算機と言ってもいろいろありますが、ここでは計算するための機械全般を計算機と呼ぶことにします。最も身近な計算機は電卓（電子卓上計算機）でしょう。昔は、電卓の代わりにそろばんを使っていました。これにより桁数の多い計算が高速にできるようになりました。

そして、さらに複雑な計算になるとコンピュータを使います。XやYが出てくる方程式を習うと、数字を直接扱わずに計算式を立てられるようになり、これを使いプログラムを作ることで、手計算では困難な複雑な計算がコンピュータによってできるようになります。数千桁の計算も、3次元の複雑な図形の計算も、基本的な方程式さえ知っていれば計算して答えを出すことができます。

電気の力を使った計算機であるコンピュータは1960年頃に実用化され、今では誰でも使うことができ生活の一部となりました。コンピュータにより人間の計算能力の限界を突破することができるようになったのです。図1.1に計算機の発展を表しています。

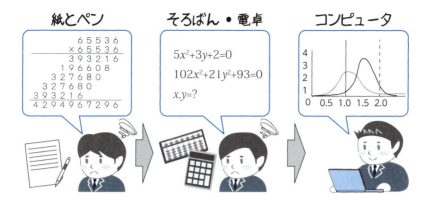

図1.1 計算機の発展

1.1.2 コンピュータの限界

　この電気を使った計算機であるコンピュータでも、やはりどこかに限界があります。これまで60年くらい、コンピュータはどんどん進化してきて、高速に計算できるようになり、そして使いやすくなりました。しかし人間の解きたい問題も同じくらいのスピードでどんどん進化（複雑化、煩雑化）してきました。複雑な3次元物体のシミュレーションや、量子力学的なふるまいをする物質のシミュレーションは、現在の最先端のコンピュータを使ってもなかなか計算できません。最近では、ブロックチェーンという技術が注目を集めており、これは現在のコンピュータでも計算するのが難しい問題が存在することを利用して作られたシステムです。また、機械学習という技術も注目を集めていますが、これも計算するのに多くの時間がかかる問題を解く必要があります。

　そのため、現在のコンピュータの限界を突破することはとても重要なことであり、これによりさらに世の中を良くすることができると信じられています（図1.2）。ではどうすれば、コンピュータの限界を突破できるのでしょうか？　その答えの1つが、**量子コンピュータ**だと期待されているのです。

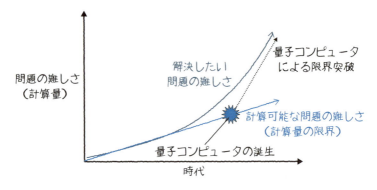

図1.2 量子コンピュータによる限界突破

1.1.3 量子コンピュータとは何か？

　量子コンピュータは、次世代の高速計算機として研究・開発が進められています。現代のコンピュータでは困難な問題をすべて解決できるわけではないですが、そのうちいくつかでも解決できれば、社会に大きなインパクトを与えると期待されているのです。

　まずここで、量子コンピュータとは何か、について簡単に説明します。量子コンピュータとは、**「量子力学特有の物理状態を積極的に用いて高速計算を実現するコンピュータ」** と本書では定義します。量子コンピュータの「量子」は量子力学の「量子」です。量子力学とは、大学レベルで学ぶ物理学の1つで、原子、電子などの非常に小さなものの動きを説明するために発展した理論です。この量子力学によると、原子や電子、光の粒である光子などの微小なものや、超伝導などの非常に低温に冷やした物質においては、私達が普段目にしない不思議な現象が起きるということが知られており、実際に実験的に確かめられています。例えば、後で説明する量子力学特有の物理状態である「重ね合わせ状態」や「量子もつれ状態」などが実現されています。そして、この量子力学特有の物理状態を積極的に用いてコンピュータを作ろうというのが、量子コンピュータです。これにより、これまでの計算よりもパワフルな**量子計算**と呼ばれる計算ができるようになります。この量子計算は、従来の計算とは本質的に異なるポテンシャルを有していることが研究によって明らかになりつつあります。量子コンピュータの開発は、「量子」を高度に制御（コントロール）することで、従来のコンピュータの限界を突破するコンピュータを作るという物理学とエンジニアリングの挑戦なのです（図1.3）。

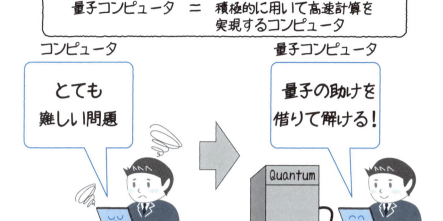

図1.3 量子コンピュータとは

1.1.4 量子コンピュータと古典コンピュータ

　ここで、量子コンピュータと通常のコンピュータの違いを整理しましょう。まず「計算」には大きく分けて2種類あると考えることができます。物理学の1つの分野である古典物理学に基づく**古典計算**と、量子物理学（量子力学とも呼ばれる）に基づく**量子計算**です。

　古典物理学とは中学校や高校の物理の授業で習う物の運動や力の作用、電磁気の性質などを扱う物理学です。一方、量子力学は理系の大学レベルで習う「原子や電子の性質」などを扱う物理学です。この2つの物理学に対応して、2つの計算が存在すると考えることができます。古典計算と量子計算の違いは第3章以降で説明します。本書では、量子計算を行う装置を「量子コンピュータ（量子計算機）」と呼び、古典計算を行う装置を「古典コンピュータ（古典計算機）」と呼びます。そのため本書では、通常のコンピュータのことを「古典コンピュータ」と呼びます。

　そして、量子計算は古典計算の上位互換であり、古典コンピュータで解ける問題はすべて量子コンピュータで解くことができます。これは、古典力学で扱える現象はすべて量子力学で（原理上は）扱える（つまり古典物理学は量子物理学の近似である）ことに対応しています。

　さらに、古典コンピュータでは解くことの難しい問題も、量子コンピュータなら高

速に解くことができる場合があることがすでに知られています。これは、古典物理学では扱うことのできない現象まで量子力学では扱えることに対応しています（図1.4）。

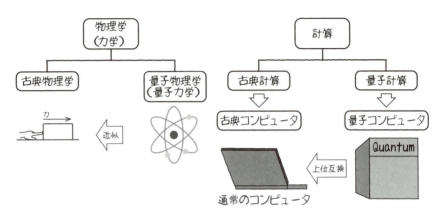

図1.4　物理学と計算の対応関係

　現在、量子コンピュータの決まった定義があるわけではありません。そのため、本書では図1.3のように量子コンピュータを定義しました。ここで注意すべき点は、通常のコンピュータも量子力学的な現象を使った半導体デバイス（トランジスタやフラッシュメモリなど）によって動いていますが、できる「計算」は古典物理学に対応する「古典計算」であるという点です。実現のために使われている物理現象と、実際にできる計算は明確に区別する必要があり、量子力学で説明されるような現象を用いているからといって「量子計算」ができるわけではありません。しかし、量子計算を行うためには、量子力学で説明されるような現象を高度に制御し、「量子力学特有の物理状態」と呼べるような特殊な状態を実現することが不可欠となります。

1.1.5　量子コンピュータの種類

　量子コンピュータと呼ばれているものの中にも複数の種類が存在します。本書では、量子コンピュータを以下の3つに区別して説明します（図1.5）。

① 万能量子コンピュータ

　万能な量子計算を行うことができる量子コンピュータです。もう少し詳しく説明すると「任意の量子状態から任意の量子状態への変換を十分な精度で実行できるコンピ

ュータ」ということになります。任意の量子状態とは、ここでは任意の複数の量子ビットの状態のことで、これを所望の状態に（完全には困難なので）十分高い精度で変換することができるのが、万能量子コンピュータであると言えます。また、量子ビットの数が多くなり行いたい変換が複雑になってくると、ノイズの影響も大きくなってくるために、計算途中の誤り（エラー）を訂正する能力（エラー耐性）を持つことが必要となります。エラー耐性を持つ量子コンピュータを「エラー耐性量子コンピュータ」と呼びます。

② 非万能量子コンピュータ

万能な量子計算はできないが、一部の量子計算を行うことができ、古典コンピュータに対する優位性が示されている量子コンピュータです。

現在実現されつつあるエラー耐性がない（または不十分な）、Noisy Intermediate Scale Quantum（NISQ）と呼ばれる量子コンピュータがここに分類されます。詳細は第1.2.6項で解説をします。

③ 非古典コンピュータ

量子力学特有の物理状態を用いて計算を行う、またはそれを目指すコンピュータで、古典コンピュータに対する優位性が示されていないコンピュータです。現在開発されている量子アニーラーがここに分類されます。

図1.5　量子コンピュータの種類

表1.1にこれらの量子コンピュータの特徴をまとめています。本書では、上記3つのコンピュータを「広義の量子コンピュータ」と捉え、本書ではこれらについて詳しく扱います。

「広義の量子コンピュータ」は、量子力学特有の物理状態を用いて計算を行う点が「古典コンピュータ」との違いであると言えます。この「広義の量子コンピュータ」の中

で、「非万能量子コンピュータ」と「非古典コンピュータ」の違いは、計算性能において古典に対する量子の優位性があるかどうかです。そして、「非万能量子コンピュータ」と「万能量子コンピュータ」の違いは、量子計算の万能性があるかどうかです。

表1.1　量子コンピュータの種類と特徴

種類		万能性 (エラー耐性)	量子の 優位性	量子特有の 物理状態
広義の 量子コンピュータ	万能 量子コンピュータ	○	○	○
	非万能 量子コンピュータ	×	○	○
	非古典 コンピュータ	×	×	○
古典コンピュータ	古典 コンピュータ	×	×	×

1.1.6　量子計算モデルの種類

　前節では、量子コンピュータのハードウェアとしての分類について説明しました。一方、計算にも種類があり、本書では「万能型」と「特化型」の2つを量子計算モデルの種類として区別します。計算モデルとは、どのように計算を実行するのかを記述するモデルです。

① 万能型

　あらゆる量子計算を記述することができます。量子回路モデルがその代表です。他にも、測定型量子計算、断熱量子計算、トポロジカル量子計算等複数の計算量的に等価な（P.118コラム参照）モデルがあり研究されています。本書では、量子回路モデルについて詳しく説明します。

・量子回路モデル

　古典コンピュータで使われる「回路」や「論理ゲート」の代わりに「量子回路」や「量子ゲート」を用いて計算を行うモデルです[*1]。

　量子コンピュータ研究の初期から用いられており、万能（ユニバーサル）な量子計算を記述できる最も標準的なモデルです。

*1：量子ゲート方式と呼ぶ場合も多いです。

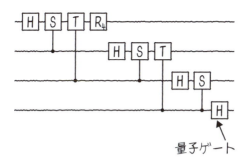

図1.6 量子回路モデル

② 特化型

特定の計算を記述することができます。本書では、量子アニーリングと呼ばれる計算モデルについて説明します。量子アニーリングは、イジングモデルの基底状態（第7章で説明）を計算する目的に特化した計算モデルであり、このイジングモデルに問題をマッピングすることで問題を解くことができます。

・量子アニーリング

2011年にD-Wave Systemsというカナダのベンチャー企業が商用化を行い、GoogleやNASAが研究に参加して一躍有名になりました。東京工業大学の西森秀稔教授のグループやマサチューセッツ工科大学のエドワード・ファーヒ（Edward Farhi）のグループによって理論的に提案された量子アニーリング（門脇・西森、1998）や量子断熱計算（ファーヒ他、2001）と呼ばれる計算モデルがその基盤となっています。これらの計算モデルを基に、量子アニーリングに特化した専用マシンである「量子アニーラー（量子アニーリングマシン）」によって計算を行います。

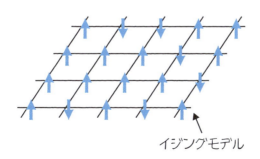

図1.7 イジングモデル

1.2 量子コンピュータの基本

量子コンピュータとはどんなものなのか大まかなイメージができたところで、量子コンピュータの仕組みを見ていきましょう。本節では具体的な内部の動作ではなく、動作の流れと量子コンピュータを実際に使うイメージを説明します。

1.2.1 量子コンピュータの動作の流れ

まずは、量子コンピュータの動作の基本的な流れを説明します。上記の量子回路モデルと量子アニーリングの両方に共通する量子コンピュータの動作の基本を図1.8に示しています。量子コンピュータでの計算の実行方法をここでは3ステップで説明しましょう。

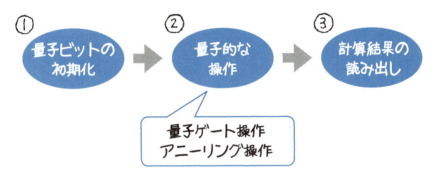

図1.8　量子コンピュータの動作の基本

ステップ1：量子ビットの初期化

量子コンピュータには**量子ビット**と呼ばれる計算の最小単位が存在します。古典コンピュータでは単に「ビット」と呼ばれていたものの量子版です。量子コンピュータにはこの量子ビットが物理的に実装されており、これを用いて計算を行うのが基本となります。そのためまずは、この量子ビットを準備し初期化します（図1.9）。

図1.9　量子ビットの初期化

ステップ2：量子的な操作

　量子コンピュータの計算は、物理的に実装された量子ビットを操作することで実現します。量子ビットを操作する方法は、量子回路モデルでは「量子ゲート操作」、量子アニーリングでは「アニーリング操作」と呼ばれます。このように、量子コンピュータの計算は、量子ビットに対して、**量子的な操作**を施すことで実現されるのです（図1.10）。

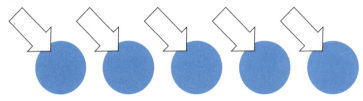

図1.10　量子的な操作

ステップ3：計算結果の読み出し

　計算結果を得るために、量子ビットの状態を測定して、計算結果の情報を読み出します（図1.11）。量子ビットの状態（量子状態）は壊れやすく、計算途中の量子的な操作を行っている段階で不要な測定をしてしまうと量子状態が壊れ、計算を失敗して（間違えて）しまいます。なので、必要なタイミングで注意深く測定を行う必要があります。以上の3ステップで量子コンピュータによる計算が完了します。

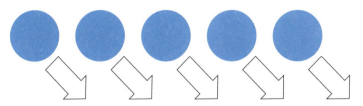

図1.11　計算結果の読み出し

1.2.2 量子コンピュータの開発ロードマップ

　量子コンピュータ実現に向けた開発のロードマップを図1.12に示します。大まかには、古典コンピュータの限界を突破して量子コンピュータを実現するという流れです。これをもう少し段階的に見ていくと、古典コンピュータと量子コンピュータの間に位置するようなデバイスが現在すでに開発されていたり、研究が進められていたりします。本節では、この流れを開発ロードマップという形で紹介します。各量子コンピュータがどのような位置づけにあるのかを理解するための参考にしてください。

　まず、通常のコンピュータである「古典コンピュータ」の次に、量子性を活用した「非古典コンピュータ」と呼ぶべき装置が開発されています。ここには現在の量子アニーラーが含まれ、量子性を計算に導入する試みの初期段階です。その次に、古典計算よりも強力な計算が可能であることが実証された「非万能量子コンピュータ」の段階があります。古典コンピュータでは困難な計算を量子コンピュータでは効率よく計算できること（古典に対する優位性）を示すことを量子スプレマシー（量子超越性）と呼びます。現在開発されている量子デバイスによる量子スプレマシーの実証が現在注目されています。この段階の量子コンピュータは、エラー耐性が不完全な量子コンピュータであり、万能な量子計算を実行することができません。そのため、完全なエラー耐性を実現することによって、最終目標の万能量子コンピュータに至ります。この万能量子コンピュータの実現には20年かそれ以上かかると言われています。しかし、現在その前段階の開発が着実に進められており、量子アニーラーや後述するNISQ（ニスク）と呼ばれるデバイスが開発されてきています。以下ではこの流れを念頭に各段階について、説明していきます。

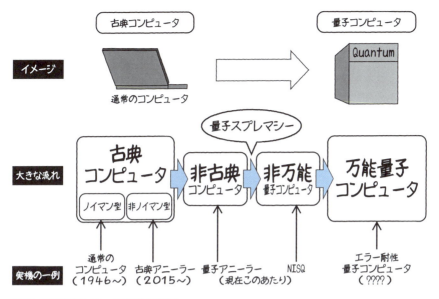

図1.12　万能量子コンピュータの実現への流れ

1.2.3 ノイマン型から非ノイマン型コンピュータへ

　量子コンピュータへの開発段階を、図1.12に沿って順を追って説明しましょう。まず説明しなければならないのは、古典コンピュータ開発の最新動向です。従来のコンピュータの限界を突破すべく、古典コンピュータも更なる進化を続けており、非ノイマン型コンピュータと呼ばれる計算機が開発されています。これは、古典コンピュータであることには変わりないのですが、計算の仕組みが普通のコンピュータと異なります。非ノイマン型コンピュータは、「ある決まった問題を高速に解くマシン」であり、通常のコンピュータの多くがノイマン型コンピュータと呼ばれる「CPU＋メモリ」という基本構成であるのに対して、それ以外の構成となっているものを非ノイマン型コンピュータと呼びます。

用語解説

ノイマン型コンピュータ

　現在最も普及している標準的なコンピュータのアーキテクチャのこと。「プログラム内蔵」方式であり、「CPU（Central Processing Unit）」「メモリ」とそれらをつなぐ「バス」で構成されている。1945年に天才数学者ジョン・フォン・ノイマン（John Von Neumann）が発表したレポートで広く知られるようになった。

　なお、実際にはジョンエッカート（John Presper Eckert）とジョンモークリー（John William Mauckly）が考案し、ノイマンが数学的に発展させた（諸説あり）。

図1.13　ジョン・フォン・ノイマン

　多くの場合非ノイマン型コンピュータは、特定の問題に特化して設計されており、ノイマン型コンピュータに比べて高速かつ低消費電力な計算をめざし、「ある決まった問題を高速に解くマシン」として開発されています。例えば、膨大な行列計算に特化したチップや機械学習のある処理に特化したチップというものが開発されています。ニューロモーフィックチップと呼ばれる神経回路を模した構成の回路や、GPU（Graphic Processing Unit）を使った高速化、FPGA（Field Programmable Gate Array）を利用したシステムなどがすでに開発されています。一部はすでにスマートフォンなどに入っており知らないうちに我々は恩恵を受けています。

　量子コンピュータも当面は[*2]非ノイマン型コンピュータのうちの1つという位置づけができます。ただし、GPUやFPGA、TPU等が古典計算であるのに対して、量子性を使った量子計算であることが本質的に異なります。

---

*2：ノイマン型は古典コンピュータに対する名称であり、量子コンピュータを想定していない用語です。量子コンピュータでもノイマン型のようなメモリ部と演算部を分けたアーキテクチャが実現される可能性もあるため"当面"としています。

1.2.4 非古典コンピュータ

　量子計算を目指す開発段階のコンピュータを本書では「非古典コンピュータ」と呼びます。あるコンピュータが、量子計算が実際に行われているか、つまり古典計算と比較して優位な計算ができているのか、という疑問に答えるのはなかなか難しく、多くの実験データを集めたり理論構築を行ったりして改良を繰り返すといった研究開発が必要です。これにはある程度長期の開発期間が必要で、この段階にあるマシンを本書では非古典コンピュータという括りで扱います。

　非古典コンピュータは、量子性を利用したデバイスによって量子計算を目指しており、これには、現在の量子アニーラーや少数の量子ビットのプロトタイプが含まれます。これらのデバイスは、古典計算よりも優位な計算性能を実現できていることが示されていない開発段階のマシンです。古典計算よりも優位な計算を実証することを**量子スプレマシー**と呼びます。

用語解説

量子スプレマシー（量子超越性）

　量子スプレマシーとは、量子コンピュータの古典コンピュータに対する優位性を示すこと。「古典コンピュータでは困難な計算を量子コンピュータでは効率よく計算できること」を示すのが、量子コンピュータ開発における当面の目標であり、各社がこの「量子スプレマシー」の実験的な検証を目指している。ただし、これを示すために社会に有用な計算を行う必要はなく、例えばランダムな量子回路のシミュレートといった特殊なタスクによる実験的な検証が行なわれている（図1.14）。

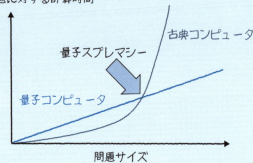

図1.14　量子スプレマシー

1.2.5　非万能量子コンピュータ

　量子スプレマシーを実証した後、スケーラビリティやエラー耐性が無く、まだ万能な量子計算に至らない開発段階があります。この段階のコンピュータを本書では「**非万能量子コンピュータ**」と呼びます。例えば高精度な50〜100量子ビットを有する量子コンピュータができたら、古典コンピュータの限界を一部突破できる（その計算を古典コンピュータで行うことが困難となり量子スプレマシーが実証される）可能性があり、非万能量子コンピュータが実現されます。しかし、この非万能量子コンピュータは、社会に有用な計算を行って古典コンピュータよりも強力であるとは限りません。そこで、非万能量子コンピュータを利用した社会に有用なアルゴリズムを見つけることが重要となります。このように社会に有用な計算によって量子コンピュータが古典コンピュータの性能を上回ることを「**量子スピードアップ**」や「**量子アドバンテ**

ージ」と呼ぶことがあります[*3]。量子スプレマシーはどちらかというと学術的な意味での量子コンピュータの優位性であり、量子スピードアップや量子アドバンテージはもう少し実用的な意味での量子コンピュータの優位性を意味する言葉と言えます。

用語解説

量子スピードアップ（量子アドバンテージ）

社会に有用な計算によって量子コンピュータの古典コンピュータに対する優位性を示すことをこのような用語で呼ぶことがある[*3]（図1.15）。あるタスクについて、現在最新鋭の古典コンピュータ（例えば、スーパーコンピュータ（スパコン））と比較して、量子コンピュータの方が高速であることを示す必要がある。もちろん、スパコンではそのタスクにおける最速のアルゴリズムを使った場合で比較する。量子スピードアップが期待される分野は、例えば機械学習や量子化学、組合せ最適化問題等がある。

図1.15　量子スピードアップ

1.2.6　NISQ（ニスク）

非万能量子コンピュータとして、NISQと呼ばれる量子コンピュータが登場しつつあります。通常我々が使っている古典コンピュータはノイズによって計算を間違えるといったことはありません。CPUやメモリは、高い精度で製造されているだけでなく、処理の中にエラー訂正の機能を持っているため、ノイズに非常に強く、通常使用していてノイズに悩まされることはまずないと思います。

一方、現在実現されつつある非万能量子コンピュータはまだまだノイズが大きいのが現状です。現在開発が最も活発な超伝導回路による量子コンピュータでは、量子ゲ

[*3]：次のサイトを参考。
The Rigetti Quantum Advantage Prize（https://medium.com/rigetti/the-rigetti-quantum-advantage-prize-8976492c5c64）

ート操作や量子ビットの測定などの量子的な操作を行うと0.1から数パーセント程度のエラーが発生します。そして、このエラーを訂正することが現状ほとんどできません。量子コンピュータのエラー訂正は、活発に研究されていますが実装は容易ではないのです。そこでNISQが注目されています。

・ノイズのある中規模の量子コンピュータ：NISQ

NISQという言葉は2017年12月にカリフォルニア工科大学の量子コンピュータ研究の権威であるジョン・プレスキル（John Preskill）が「Quantum Computing in the NISQ era and beyond」というタイトルの講演にて導入した言葉です。NISQは、"Noisy Intermediate-Scale Quantum（computer）"の頭文字を取った略語で、「ノイズのある中規模（50～100量子ビット）の量子コンピュータ」と訳すことができます。これは現在から以後数年にわたって開発される量子回路モデルの量子コンピュータを表す名称になると考えられています。NISQが量子スピードアップを達成できるかは未だわかっていません。

しかし、現在NISQを用いた量子スピードアップを実現するアルゴリズムの研究がさかんに行われています。

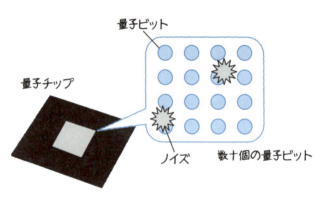

図1.16　NISQのイメージ

1.2.7　万能量子コンピュータ

十分に量子ビットの数が増え、スケーラビリティやエラー耐性を獲得し、任意の量子アルゴリズムを実行できるようになった量子コンピュータを万能量子コンピュータと呼びます。万能量子コンピュータは、人類の科学技術における究極の目標の1つと

言ってよいと筆者は考えています。なぜなら、量子物理学の近似である古典物理学ではなく、より普遍的な量子物理学そのもので計算を実行し、これまで非効率的であった計算が効率的になって、これによりこれまでの古典コンピュータの外側にあると考えられている新しい可能性が広がるからです。

万能量子コンピュータは、上記のNISQなどの非万能量子コンピュータから、量子ビットの数と精度を飛躍的に高め、誤り訂正機能（エラー耐性）を実装することにより実現することができると考えられています（図1.17）。しかし、技術的難易度が非常に高く現在の技術水準では、未だエラー訂正機能の初期段階の実験に留まっています。

後述するショアのアルゴリズムやグローバーのアルゴリズムといった量子アルゴリズムは、古典コンピュータよりも強力であることが知られています。ショアのアルゴリズムにより暗号解読が可能になり、またグローバーのアルゴリズムにより複雑な探索問題を高速に解くことができる可能性があります。しかしこれらだけでなく、万能量子コンピュータの応用分野はこれから大きく広がると期待されています。

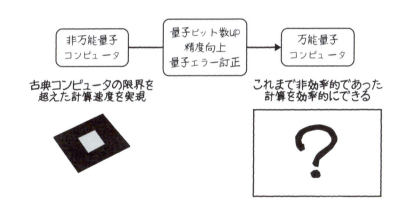

図1.17　非万能から万能量子コンピュータへ

1.3 量子コンピュータの未来像

古典コンピュータは、スパコンのような大型のものからデスクトップPC、ノートPC、スマートフォン、ウェアラブルデバイスと小型のものまで多岐にわたります。これらのコンピュータは用途に応じて使い分けられています。では、量子コンピュータはどのように使われていくのでしょうか？

1.3.1 量子コンピュータの現状

量子コンピュータ開発の現状は、およそ上記の非古典コンピュータの段階であり、現在クラウドによるお試し利用等が行われています。すでにいくつかの企業がこのお試し利用可能な非古典コンピュータの環境を構築しています。しかし、使える機能はかなり限定的で、何か実用的に役に立つ計算を古典コンピュータの限界を突破してできるレベルにはありません。

例えば現在クラウド上で使えるIBMの量子コンピュータIBM Qでは、現状5量子ビットと16量子ビットの量子回路モデルによる計算を行うことができます（図1.18、2019年5月時点）[4]。しかし、5量子ビットや16量子ビットでできる計算は、通常の古典コンピュータのパソコンでも計算できてしまいます。

つまり、5量子ビットの量子コンピュータは、上記の非古典コンピュータに分類することができ、実用上はほとんど意味がないということになります。そのため、現在さらに高性能な量子コンピュータを実現するための研究開発が加速しています。これが50量子ビット、100量子ビットになると話が変わってきます。現在の最高性能のスーパーコンピュータでも、精度の良い50量子ビット程度の量子コンピュータが行う計算をシミュレートするのは計算量が大きすぎて難しくなってくるのです（量子スプレマシー）。

図1.18　IBMの量子コンピュータIBM Q（https://quantumexperience.ng.bluemix.net/qx/editor）

＊4：20量子ビットを利用可能な有料サービスも提供しています。

1.3.2　量子コンピュータの使われ方

　非万能量子コンピュータが実現され量子スピードアップが可能となった将来について考えてみましょう。量子コンピュータは、古典コンピュータが苦手な問題を肩代わりする役割を担います。量子コンピュータもシステムに組み込まれるでしょう。ここで注意すべきことは、システムの一部であるということです。量子コンピュータは、当面はあくまで専用マシンの位置づけだと考えられます。つまり「ある決まった問題を高速に解くマシン」として用いられるのです。理論的には、量子回路モデルでは汎用的な量子計算を記述することができて、古典コンピュータができる計算はすべて量子コンピュータにより計算できるのですが、実際には、当面の間は古典コンピュータの一部をアシストするために使われると考えられています。そちらの方が、現状格段にコストが安いからです。そのため、量子コンピュータが一家に1台といったことや、スマホに搭載といったことは当面考えられません。

　超伝導回路による量子コンピュータの例を図1.19に示します。例えば超伝導回路による量子コンピュータでは、希釈冷凍機という大型の冷却装置が必要で、さらに制御装置もたくさん必要となります。これをクラウド経由で使用するのが当面の使われ方になると考えられています。

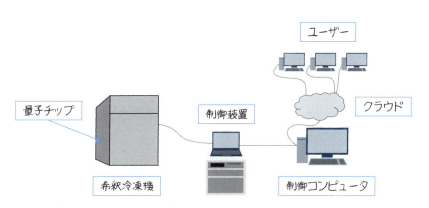

図1.19　超伝導回路による量子コンピュータの例

1.3.3　将来の計算機環境の想像

　本章の最後に、将来の計算環境を想像してみます。例えば10年後のコンピュータ

の姿は、図1.20に示すような構成になっていると筆者は想像します。我々が持って操作するパソコンやスマートフォン、スマートウォッチやヘッドマウントディスプレイなどのウェアラブルデバイス、またはスマート家電等が、クラウド上の古典コンピュータに無線LANなどでつながっています。これらの機器はユーザーインターフェースと呼ばれます。そして、何か計算をさせたいときはこれらのユーザーインターフェースを操作します。そうすると、単純な計算や処理速度の高速性が必要な計算は、その機器本体が計算してくれますが、少し複雑な計算やデータベースとのやり取りが必要な計算はクラウド上につながっている古典コンピュータで処理します。これは汎用マシンなので、中程度の計算はできますが、複雑な計算や大規模な計算は、その計算が得意な別のコンピュータに肩代わりしてもらいます。例えば、行列計算は行列計算専用マシン、画像処理は画像処理専用マシン、機械学習は機械学習専用マシン、などのようにです。そして、この専用マシンの1つに、量子コンピュータも含まれます。量子コンピュータが得意な問題については、量子コンピュータが肩代わりするのです。

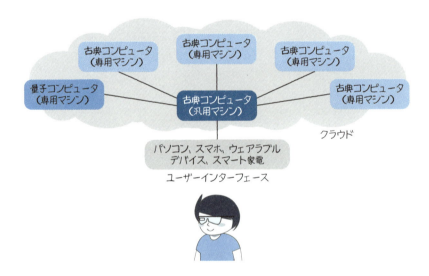

図1.20　10年後のコンピュータの姿

　上記はあくまで筆者のイメージですが、ここで伝えたかったのは、このように、量子コンピュータと古典コンピュータは、一緒に使われるということです。
　さらに先、量子コンピュータが簡単に使用できるようになった将来がやって来たとしましょう。そこでは、古典コンピュータがすべて量子コンピュータに置き換わるのかというと、それもないでしょう。なぜなら、量子コンピュータを制御するのに、古

典コンピュータが欠かせないからです。量子コンピュータを作るためには、量子性を壊さないような装置を作らないといけません。量子性は非常に壊れやすいため、たくさんの電子機器や光学機器、測定機器などで構成され制御を行います。これらの制御機器はすべて古典コンピュータを内蔵しているので、量子コンピュータを作るためには古典コンピュータが不可欠ということになります。とにかくどこまで行っても古典コンピュータがなくなることはないのです。古典量子のハイブリッドで高速化を目指していくのです。

図1.21　古典量子のハイブリッド

COLUMN
量子コンピュータの誕生に至る道のり

　量子コンピュータの誕生には多くの物理学者がかかわっていますが、ここではその一部を紹介します。現在の形の量子コンピュータを提唱した最初の論文の1つは、オックスフォード大学のデイヴィッド・ドイッチュ（David Deutsch）によって1985年に書かれました[注1]。そのころ一部の物理学者や計算機学者の間では、「計算」と「物理」の関係について興味が持たれていました。例えば、IBMの研究所に勤めていたロルフ・ランダウアー（Rolf Landauer）は、計算に最低限必要なエネルギーはどのくらいか？という疑問を持ち、1961年に「ランダウアーの原理」を提唱します。これは、「メモリの情報を消去するときに熱力学的なエントロピーが増大する」という原理であり、メモリを消去する限り必ず熱が発生しエネルギーを消費するという熱力学と計算の関係を明らかにしました。同じIBMのチャールズ・ベネット（Charles H.Bennett）はランダウアーと共に1982年に計算そのものはエネルギー消費なく行えることを示し、エネルギー消費のない（量子計算の性質の1つである）可逆計算を提唱しました。
　計算には（メモリを消去せず、可逆計算を使えば）エネルギー消費は必要ないという計算の物理法則が明らかになった頃、それまでの計算が立脚していた物理が古典物

理であることに気付いたのがドイッチュでした[注2]。彼は、計算をより正確な物理である量子力学に立脚する必要があると考え、1985年に量子コンピュータに関する最初の論文を書きました。しかし、この論文には量子コンピュータによって圧倒的に早くなる問題が存在することは示されておらず、古典コンピュータと平均の計算時間は変わらないという結論になっていました。ここに目を付けたのがリチャード・ジョザ（Richard Jozsa）で、彼はドイッチュと共にドイチュ・ジョザのアルゴリズムを発見します。これは最初に古典コンピュータを凌駕することが示された量子アルゴリズムであり、その後ピーター・ショア（Peter Shor）によるショアのアルゴリズムが1995年に提案されて、量子計算が一気に脚光を浴びるようになりました。

　また、量子コンピュータの父として、リチャード・ファインマン（Richard Feynman）も有名です。彼は、1982年に量子力学に従うコンピュータの必要性を提唱しています。彼は、量子力学に従う現象をコンピュータによってシミュレートするためには、量子力学に従う量子コンピュータというべきものを使う必要があるという講演を行い、これが量子コンピュータの最初ともいわれます。

　量子コンピュータ誕生の歴史は巻末にある参考文献により詳しく載っているので是非参考にしてください。

注1：ポール・ベニオフ、ユーリ・マニンもそれ以前から量子コンピュータの概念を提唱していましたが、現在知られている量子コンピュータの原型となる理論は、デイヴィッド・ドイッチュによるものであることが知られています。
注2：チャールズ・ベネットと計算の物理に関する研究会の懇親会での議論がきっかけだそうです。

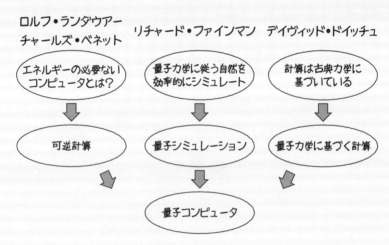

図1.22　量子コンピュータの誕生に至る道のり

第 2 章

量子コンピュータへの期待

量子コンピュータの概要を理解したところで、具体的に量子コンピュータが活躍できる問題について説明します。これまでの話で、古典コンピュータのシステムの一部に量子コンピュータが組み込まれ、古典コンピュータが苦手な問題を肩代わりするという説明をしました。それでは、古典コンピュータが苦手な問題とはいったいどんなものなのでしょうか？

2.1 | 古典コンピュータが苦手な問題とは？

通常コンピュータを使っていて、難しい問題が解けない、計算が終わらないといったことはあまりないと思います。しかし、大規模なシミュレーション、暗号、最適化などの分野では、古典コンピュータに「解けない問題」が多く存在します。古典コンピュータにとってどんな問題が「解けない＝苦手な」のか解説します。

2.1.1 多項式時間で解ける問題

まず、ここでいう**古典コンピュータが苦手な問題**とは、一般的には「多項式時間での解法が知られていない」問題と定義されます。図2.1を見てください。

どんな問題にも、必ず入力があります。プログラムでいうところの**引数**です。そして、解ける問題とは、入力（引数）の数（入力サイズ）に対して計算しなければならない回数がそれほど多くならない問題のことです。例えば「入力の数の中から最大値を求めよ」という問題は、入力の数が6個の場合、1つずつ大小関係を比較するという計算をしていくとおよそ6回の計算で解が求まります。入力の数が10個なら10回、100個なら100回ですから、問題「最大値を求めよ」の計算回数は入力サイズNに対してN回の計算回数が必要です。

他にも「入力の数の合計を求めよ」もN回、「入力の数の中から剰余が最大となる2つのペアを選び出せ」は、総当たり戦のように2つのペアをすべて計算すればよいのでおよそN^2回など、我々の身の回りにある問題の多くはN^k（k：整数）の多項式で計算回数を見積もることができます。こういった、およそN^k回の計算回数となるような問題を、Nの多項式で計算時間を見積もることができることから、**多項式時間で解ける問題**と呼びます。

26

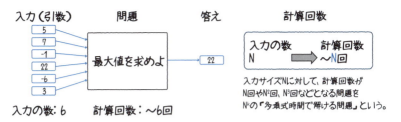

図2.1 解ける問題のイメージ

2.1.2 多項式時間での解法が知られていない問題

　一方、多項式時間での解法が知られていない問題とはどんな問題でしょうか。例えば「入力の数において、積が40に最も近い組合せを求めよ」という問題があったとします。どう解けばよいでしょう。普通に考えると、入力の数のすべての組合せを書き出して、積を計算し、40に最も近いものを探すことになるでしょう。組合せは、入力の数が6個であれば、$2^6=64$個あります。つまり、64回掛け算の計算をして40に最も近い組合せを探す必要があります。このように解くと、入力の数が10個の時は$2^{10}=1,024$回、20個の時は$2^{20}=1,048,576$回、30個の時は$2^{30}=1,073,741,824$とどんどん増えていきます（図2.2）。

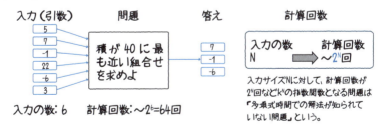

図2.2 解けない問題のイメージ

　入力サイズNに対して、k^N（k：整数）回の計算回数を必要とするかもしれない、つまりNを大きくしていくと指数関数的に計算回数が増加していく（指数時間かかる）可能性のある問題を**多項式時間での解法が知られていない問題**といって、**古典コンピュータが苦手な問題**と呼んでいます。こういった問題に対して量子コンピュータの活

躍が期待されているのです。図2.3に入力サイズNに対する計算量（計算回数）を示しています。計算回数はオーダー（記号：O）で表すのが一般的です。Nの多項式時間と指数時間では、Nが大きくなるに従い明らかに計算回数に開きが出てくることがわかります。

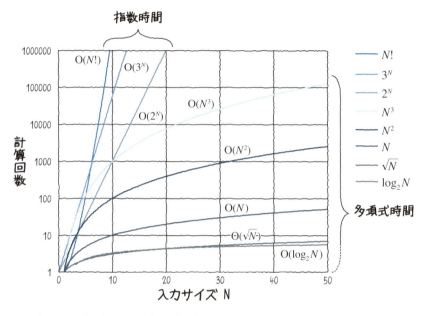

図2.3 解ける問題と解けない問題の入力サイズ（引数の数）Nに対する計算回数（Oは計算回数のオーダーを表す記号）

2.2 量子コンピュータが活躍する問題とは？

さて、量子コンピュータが活躍する問題とは、いったいどのような問題でしょうか。期待される効果について説明します。

2.2.1 量子コンピュータが活躍する問題

まず、古典コンピュータが苦手な問題として、よく例に挙げられるのが「組合せ最適化問題」、「素因数分解、暗号解読」、「量子化学計算」、「機械学習における学習」、「複雑な物理現象のシミュレーション」などです。この中で、量子コンピュータが得意な問題が"いくつか"あります。ここで注意が必要な点は、古典コンピュータが苦手な問題をすべて量子コンピュータでばっちり解くことができるのではなく、古典コンピュータが苦手な数多くの問題のうち、一部を量子コンピュータによって高速化できる可能性があるという点です（図2.4）。そのため、もちろん量子コンピュータにも解くことが困難な問題がたくさん存在することになります。そして、世界中の研究者によって、量子コンピュータが有用となる量子アルゴリズムの研究が行われています。以下では各方式におけるその例を紹介しましょう。

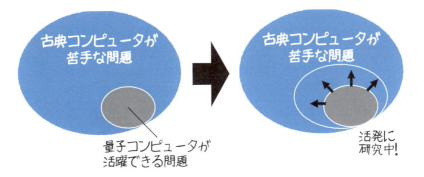

図2.4　量子コンピュータが活躍する問題

2.2.2 近い将来に期待される効果

量子回路モデルと量子アニーリングで、それぞれ近い将来に期待される効果について紹介します。

・**量子回路モデル**

量子回路モデルの量子コンピュータは、世界中の企業や研究機関で研究開発が進められています。特に、現在、数十〜数百量子ビットの実現をめざして研究開発が加速しています。この数十〜数百量子ビットの量子コンピュータは、量子化学計算や機械学習に使えるのではないかと期待されています。

量子化学計算は、薬品の開発や新材料の開発に用いられています。新しい薬の開発や高機能な材料を開発する際に実験を繰り返すだけでなく、計算によって実験結果を予測することができたら、短時間で効率的に開発が進みます。しかし、量子化学計算を精度良く行うためには、量子力学の方程式をできるだけ近似しないで計算する必要があるため、古典コンピュータでは莫大な計算量になってしまいます。量子コンピュータは、この莫大な計算部分を効率的に実行できる可能性があり、現在そのための量子アルゴリズムの研究が進んでいます。

また、機械学習の分野でも量子コンピュータの活躍が期待されています（図2.5）。現在、大変な盛り上がりをみせている機械学習ですが、やはり莫大な計算量が課題になります。量子機械学習と呼ばれる量子コンピュータを使って機械学習をパワーアップさせる量子アルゴリズムの研究が現在活発に行われています。

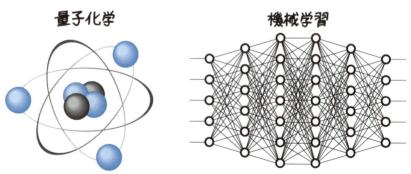

図2.5 量子コンピュータ（量子回路モデル）が期待される分野

・量子アニーリング

一方量子アニーリングは、D-Wave Systemsがすでに2000量子ビットの量子アニーラーを実現しており、量子ビット数で見ると量子回路モデルよりも進歩が早いように思われます。しかし、D-Wave Systemsの量子アニーリングで用いられている量子ビットは、現状の量子回路モデルに用いられているものに比べ、**コヒーレンス時間**と呼ばれる「量子性」を保つ時間、つまり量子ビットの寿命が短いのです。その反面、大規模な量子ビット数の実装が比較的容易であるという特徴があります。

2000量子ビットの量子アニーラーでは、小規模な組合せ最適化問題を解くことができます。組合せ最適化問題とは、たくさんの組合せから、最も良い組合せを見つけるような問題で、さまざまなところで出現します。例えば、物流の最短経路の探索によるコスト低減や渋滞緩和などが期待されています。こういった問題は、社会的に重要である一方、古典コンピュータで効率的に精度の良い解を求めるのが難しいため、量子アニーリングにより少しでも精度の良い解が得られるのではないかと期待されています。また、こちらも機械学習への応用が研究されています（図2.6）。

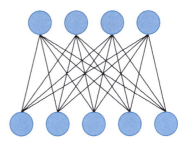

図2.6　量子アニーリングが期待される分野

量子アニーラーの特性を利用して機械学習、特にサンプリングと呼ばれる部分に応用する研究も行われています。

　現状の2000量子ビットでは、やはり扱える問題の規模は小規模なものに限られます。しかし、今後さらに多くの量子ビットを備え、コヒーレンス時間も延びて、量子ビット同士の結合や制御精度も向上させた量子アニーラーが開発されるとより応用範囲も広がります（図2.7）。ただし、量子ビット数の増加によるノイズ耐性の低下等が課題として考えられます。

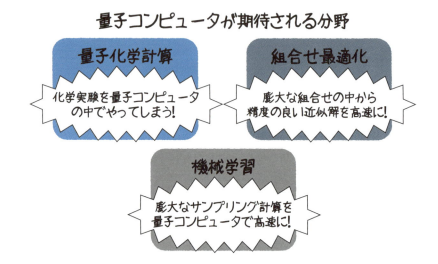

図2.7　量子コンピュータが期待される分野

2.3 注目の背景

　本章の最後に、ここ最近量子コンピュータが注目を集める理由（モチベーション）を3つ紹介します（図2.8）。

　1つ目は「量子科学技術の発展」です。2012年にノーベル物理学賞をセルジュ・アロシュ（Serge Haroche）とデービット・ワインランド（David J.Wineland）が受賞しました。受賞理由は「個別の量子系に対する計測および制御を可能にする画期的な実験的手法に関する業績」です。これの意味するところは、量子力学的な状態を実験的に制御可能になってきたということです。つまり、両氏は量子ビットを実験的に制御したパイオニアなのです。受賞の対象となった研究成果は2000年前後であり、それから20年近くが経った現在、急速にこういった研究が発展し、世界中で量子ビットの研究開発が行われるようになり、一応の計算ができる、クラウドでお試し利用ができる、といったところまで技術が進歩しました。この量子技術の成熟が、量子コンピュータ注目の背景にあります。

　そして2つ目は、「ムーアの法則の終焉」です。ムーアの法則とは、Intelのゴードン・ムーア（Gordon E. Moore）が1965年に経験則として提唱した「半導体の集積密度（≒計算性能）は18ヶ月（1.5年）で倍増する」という法則です。しかしながら、この法則がそろそろ限界を迎えているといわれています。そのため、現在はCPUのマルチコア化、GPUによる並列計算や先ほど紹介した非ノイマン型コンピュータ等のアクセラレータによる高速化などさまざまな方法が、ムーアの法則終焉後に計算性能を向上させる方法として検討されています。そして、こういった流れに乗って、古典コンピュータの限界を突破する量子コンピュータの実現が大きな期待を集めているのです。

　さらに3つ目は、「計算資源のさらなる需要」です。深層学習（ディープラーニング）に代表される機械学習技術がどんどん広まり、自動運転や人工知能などが我々の生活に浸透し始め、我々の生活は今後数年で一変すると思われます。また、ブロックチェーンやそれを使った仮想通貨なども高い注目を集めています。これらの技術は、膨大な計算処理に立脚した技術であるため、上記のようにムーアの法則終焉後も計算性能を向上させ続けなければいけないと多くの人が考えているのです。

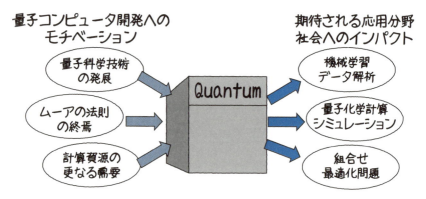

図2.8 量子コンピュータが注目を集める理由

COLUMN
計算量理論

 どんな問題が古典コンピュータに解けなくて、その中のどんな問題が量子コンピュータに解けるのか、そもそも世の中にはどんな問題が存在しているのか、という疑問を研究する研究分野があります。**計算複雑性**と呼ばれる分野で、ここでは抽象的な数学を用いて、計算の難しさをクラス分けしたりしています。上記の「多項式時間で解ける問題」や「多項式時間での解法が知られていない問題」などは、計算複雑性理論により明確に定義されています。

 そこでは、簡単にいうと、古典コンピュータが比較的容易に（多項式時間で）解ける問題というのを「P（Polynomial time）」クラスと決めています。また、答えが正しいことを確認することは比較的容易である（多項式時間でできる）問題の集まりを「NP（Non-deterministic Polynomial-time）」クラスと決めています。このNPクラスには、正しい答えを見つけることが比較的困難な問題も含まれています。

 そして、NPクラスはPクラスを含んでいますが、NPクラスに属するのにPクラスに属さないような問題が存在するかどうかは、「P≠NP」予想と呼ばれる数学の未解決問題の1つとなっています。こういったクラスはすごくたくさんあり、例えば以下のサイトにまとまっています。

 The ComplexityZoo：https://complexityzoo.uwaterloo.ca/Complexity_Zoo

 さて、量子コンピュータで多項式時間内に解ける問題のクラスも決められています。これは、「BQP（Bounded-error Quantum Polynomial-time）」と呼ばれています。そして、「BQP」は「P」クラスより大きいと考えられています。つまり、古典コンピュータで多項式時間内には解けなくて、量子コンピュータに解ける問題、つまり量子コンピュータが活躍できる問題が"存在する"ということが、広く信じられています。しかしこれも完全に証明されているわけではありません。そして2019年現在、量子コンピュータが活躍できる問題はいくつか知られています。その一例がグローバーのアルゴリズムやショアのアルゴリズムです。知られている量子アルゴリズムは以下のサイトにまとめられています。

 Quantum Algorithm Zoo：http://quantumalgorithmzoo.org/
 日本語訳ページ：https://www.qmedia.jp/algorithm-zoo/

 量子コンピュータはそもそも当面は専用マシンとして使うことになるのですから、汎用性は必要なく、いくつかの問題を古典コンピュータよりも圧倒的に高速に解くことができるのであれば、そしてその問題が社会に大きなインパクトをもたらすものであれば、その存在は非常に重要なものとなります。また、量子コンピュータが活躍できる問題は、現在活発に研究されており、今後増えていくことが期待されます。

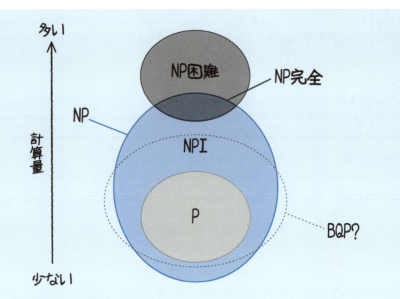

図2.9 代表的な計算量クラス

表2.1 代表的な計算量クラス

計算量クラス名		簡単な説明	問題の例
P	Polynomial time	多項式時間で判定可能なYES/NO問題	古典コンピュータで解くことができる大抵の問題
NP	Non-deterministic Polynomial time	多項式時間で答えがYESであることを検証可能なYES/NO問題	
NP完全	Non-deterministic Polynomial time Complete	NPの中で最も難しい問題	充足可能性問題、ハミルトン閉路問題など
NP困難	Non-deterministic Polynomial time Hard	NPよりも難しい問題	巡回セールスマン問題、ナップザック問題、MAXCUT問題など
NPI	Non-deterministic Polynomial time Intermediate	PとNP完全の間の問題	素因数分解問題など
BQP	Bounded-error Quantum Polynomial time	多項式時間量子アルゴリズムで確率2/3以上で判定可能なYES/NO問題	素因数分解問題や離散対数問題など

第 3 章

量子ビット

本章から、本格的に量子コンピュータの仕組みを説明します。量子コンピュータの仕組みを理解するために、まずは量子ビットについて理解する必要があります。量子ビットは、通常のコンピュータで用いられる「ビット」とは、大きく性質が異なり、量子コンピュータによる高速計算の源になっています。量子ビットについて、その基礎となる量子力学の概要から解説します。

3.1 古典ビットと量子ビット

量子ビットを理解するために、まずは古典ビットについて概説します。古典ビットと量子ビットはどんな共通点があり、何が異なるのかを整理しよう。

量子コンピュータと古典コンピュータの最も大きな違いは、それぞれのコンピュータで用いる情報の最小単位です。古典コンピュータにおける情報の最小単位は、私達がメモリの単位や、データ転送速度の単位としてよく耳にする**ビット**（binary digit : bit）です（本書では「古典ビット」と呼びます）。これに対して、量子コンピュータでは、「量子ビット」というものを使います。英語では**qubit**（quantum binary digit）と呼ばれます。これは、先に説明した量子回路モデル、量子アニーリングどちらにも共通してでてくる概念です。まずは古典ビットと量子ビットの違いについて説明します（図3.1）。

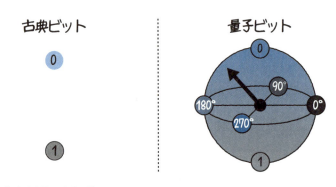

図3.1 古典ビットと量子ビットの違い

3.1.1 古典コンピュータの情報の最小単位「古典ビット」

古典コンピュータでは、0と1の2つの状態を使って計算を行っています。古典ビットは"0"か"1"のどちらかの状態をとります（図3.2）。これが扱う情報の最小単位で、どんなに大きな情報もこの"0"と"1"の羅列で表現して計算を行っています。この情報量の単位を「ビット（古典ビット）」と呼びます。つまり、1ビットの情報とは、「"0"か"1"かの2通りの状態のどちらかを教えてくれる情報」だということになります。

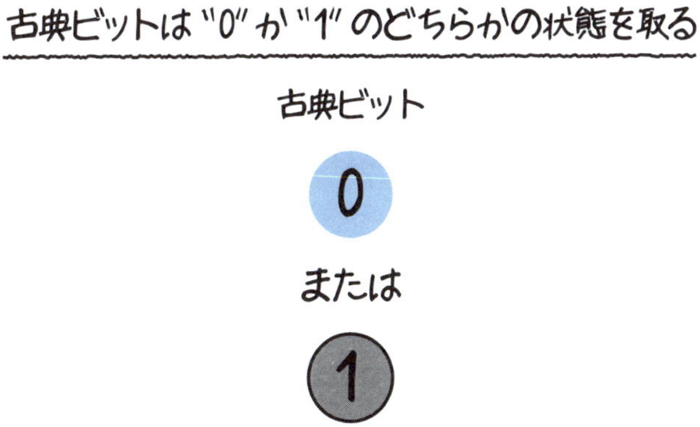

古典ビットは"0"か"1"のどちらかの状態を取る

古典ビット

または

図3.2　古典ビット

そして、2ビットだと、"00"か"01"か"10"か"11"かの4通り、3ビットだと"000"～"111"までの8通りの状態のどれかを教えてくれる情報です。「得られる情報の大きさ」が「ビット」という単位で表されていることがわかります。そして、100ビットだと、2^{100}通りのうちのどの状態かを教えてくれる情報となります。例えば、アルファベットは、全部で26文字ありますので、アルファベットの文字を数字に対応させると、5ビット（2^5=32）あれば表現できる、というように使うことができます（表3.1）。我々が普段用いている0～9で情報を表す方法を十進数（十進法）と呼びますが、0と1のみで情報を表す方法（古典ビット）は、二進数（二進法）と呼ばれており、特に多くのコンピュータの内部での計算にはこの二進法が使われます。

表3.1　アルファベットは26通り2^5=32より小さいので5bitで表現できる

アルファベット	ビット表現
A	00000
B	00001
C	00010
D	00011
E	00100
F	00101
:	
Z	11001

3.1.2　量子コンピュータの情報の最小単位「量子ビット」

一方、量子コンピュータは、量子ビットを情報の最小単位として扱います。量子ビ

ットは、古典コンピュータで扱っていた古典ビットとは大きく異なります。量子ビットも古典ビットと同様に"0"と"1"の状態を使って表します。しかし、量子ビットの場合はそれだけでなく、"0"と"1"の「重ね合わせ状態」なるものを扱うことになります（図3.3）。これがこれまでの古典コンピュータとの大きな違いであり重要なポイントです。

図3.3　量子ビット

ここまでをまとめると、図3.4のようになります。

1古典ビット	"0"か"1"のどちらかの状態を取る
1量子ビット	"0"か"1"の重ね合わせ状態を取る

図3.4　1古典ビットと1量子ビットの違い

3.1.3 重ね合わせ状態の表し方

さて、量子ビットの重ね合わせ状態は、例えば図3.5のように、"0"状態と"1"状態の間の「矢印」を用いて表すことができます。この表現によって、重ね合わせ状態のイメージがつかめるようになります。

この量子ビットの矢印は、"0"と"1"を上下の頂点（極）とする球体を考えて、この

球体の表面上の一点を指し示すことができます。つまり、量子ビットは"0"と"1"を極とする球面上を指し示す矢印として考えることができるのです。この球体は「ブロッホ球」と呼ばれており、量子ビットの状態を考えるときによく用いられています。ブロッホ球の表面上の一点が量子ビットの状態を表しています。矢印が真上方向（地球でいう北極）を指し示すと"0"、真下方向（地球でいう南極）を指し示すと"1"を表し、それ以外の球の表面上を指し示すと"0"と"1"の重ね合わせ状態を表します。古典ビットが"0"か"1"かの2通りの状態しか表せないのに対して、量子ビットは球面上のあらゆる点を表すことができることになります。

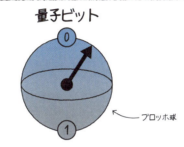

図3.5　量子ビットの矢印（ブロッホ球）

　今後重要になるため、ここで量子ビットの状態を表す矢印の特徴について説明しておきましょう。地球のある地点は、「緯度」と「経度」の2つの量によって表すことができます。これと同じように、ブロッホ球上の一点は、「振幅」と「位相」という2つの量だけによって表すことができます。矢印の高さ（地球でいう緯度）に対応するのが「振幅」と呼ばれる量で、ブロッホ球上の一点が"0"(北極)や"1"(南極)にどれほど近いかを表します[1]。

　また、ブロッホ球を上や下から見たときの回転角度（地球でいう経度）に対応するのが「位相」と呼ばれる量で、図3.6では、ブロッホ球の横の回転方向（地球で言う赤道）に0°、90°、180°、270°と記載されています。このように、量子ビットの重ね合わせ状態は、ブロッホ球面上の一点を指し示す矢印によって表現することができ、さらに、振幅と位相という2つの量によって表すことができるという特徴があります。

---

[1]　実際には、矢印の先端と"0"の点を結ぶ直線の長さの半分が0の振幅であり、矢印の先端と"1"の点を結ぶ直線の長さの半分が1の振幅となり、地球の緯度とは直接対応しません。

量子ビットの重ね合わせ状態は振幅と位相によって表せる

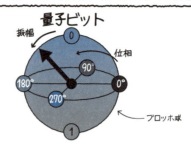

図3.6 量子ビットの矢印(ブロッホ球)

3.1.4 量子ビットの測定

ここで量子ビットの重要な性質について説明します。量子ビットには、量子力学から来るとても特殊な性質があります。それは、重ね合わせ状態にある量子ビットを「測定」すると、その前後で状態が大きく変わってしまうということです。これについて詳しく説明しましょう。量子ビットの重要な性質を以下の4点にまとめました。

1. 測定する前は、"0"と"1"の重ね合わせ状態にあり、ブロッホ球の表面を指し示す矢印として表される(振幅と位相で表される)(図3.6)。
2. この量子ビットを「測定」[*2]すると、確率的に"0"状態か"1"状態にばちっと決まる。
3. 量子ビットを測定して"0"や"1"が出る確率は、測定する前に指し示していた矢印を0と1を通る軸に射影することによって決まり、射影された矢印が"0"に近ければ"0"が出る確率が高く、"1"に近ければ"1"が出る確率が高い。
4. 測定により、0か1かの古典ビットの情報を読み出すことができ、測定後の量子ビットの状態は、測定結果と同じ"0"状態か"1"状態に変化している。

我々は、量子ビットの状態を読み出すために「測定」を行う必要があります。しかし、量子ビットを「測定」すると、「測定」という操作によって量子ビットの状態が変化してしまいます。どのように変化するのかというと、測定前の量子ビットが球面上の一点("0"と"1"の重ね合わせ状態)にあったにもかかわらず、測定後には"0"か"1"のどちらかに矢印が瞬時に移動するのです。そして、"0"か"1"のどちらに移動するかは確率的に決まり、その確率は、矢印を0と1を通る軸に「射影」した影によって決まります。なぜ量子ビットがこのような特徴を持っているのかは、量子力学の性質

---

*2 ここでは0と1の基底(計算基底)での測定について記述しています。

なので、ここでは深入りしません。とにかく、矢印の状態から、"0"と"1"が測定される確率を知ることができるのです。

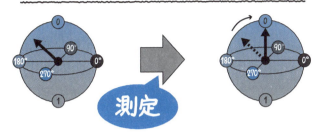

図3.7　量子ビットの測定

3.1.5　矢印の射影と測定確率

　ここで重要な考え方が、「矢印の射影」という考え方です。「射影」とは物体に光を当ててその影を映すことを言います（図3.8）。

図3.8　射影とは影を映すこと

　ここでは、量子ビットの矢印に対し、0と1を通る軸に垂直な方向の光をあてることで、矢印の影を0と1を通る軸に映すことを考えます（図3.9）。矢印の影は、0と1を通る軸上のある高さを指し示すことになり、その高さによって、測定結果が"0"である確率と"1"である確率が決まるのです。例えば、図3.9では、"0"が75%、"1"が25%の確率で出ることになります。測定前の矢印が0に近ければ0が出やすく、1に近

ければ1が出やすいということがわかります。そして、測定結果は0か1かのどちらかになるので、これは古典ビットの情報が得られるということになります。

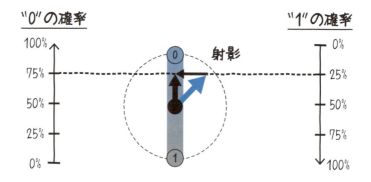

図3.9 測定により矢印が射影されて、0や1が出る確率が決まる

以上をまとめると図3.10のようになります。以下では、この量子ビットの特殊な性質を量子力学の性質から紐解いていきます。

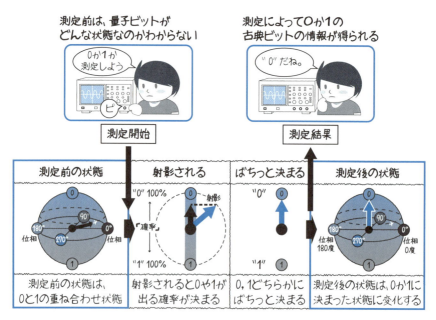

図3.10 量子ビットの測定

3.2 量子力学と量子ビット

ここまでは、量子力学についての詳しい説明をせずに、量子ビットについて解説をしました。しかし、量子コンピュータがなぜ古典コンピュータよりも本質的に高速な計算が可能なのか正しく理解するためには、量子力学の基本的な知識が不可欠になります。ここでは、量子コンピュータで使う最低限の量子力学の基礎知識を説明し、量子コンピュータが高速に計算できる仕組みを紐解きます。

3.2.1 古典物理学と量子物理学

そもそも量子物理学とは、原子や電子が数個程度の微小（ミクロ）なものの挙動を説明するために構築された理論で、この世界のたいていの現象は量子物理学（本書ではほとんど同じ意味で「量子力学」という言葉を使います）に従っていると考えることができます。我々が普段目にするものは、原子が10の23乗個程度集まってできた大きな（マクロな）ものであり、こういったものの挙動は「古典物理学（古典力学、古典電磁気学等）」によって説明することができます。では、古典物理学と量子物理学はどういった関係なのでしょうか？この答えは、古典物理学は量子物理学の理論の近似です（図3.11）。量子物理学の理論を使って、我々の生活で扱うマクロな現象、例えば「車が走る」「ボールを蹴る」「電流が流れる」といった現象を解析することも原理的にはできますが、厳密に計算しようとするととても複雑な数式になり、膨大な計算量になってしまいます。そこで、影響の少ない部分を近似して消去し、数式を簡単にしていくと古典物理学にいきつきます。そして、たいていのものの挙動は古典物理学という近似理論でも十分説明できてしまうので、広く用いられているのです。

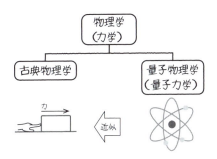

図3.11 古典力学と量子力学の関係

3.2.2 古典計算と量子計算

実は、計算にも上記の古典物理学と量子力学に対応するものがあり、それぞれ**古典計算**、**量子計算**と呼ばれます。そして、古典計算を行う装置が古典コンピュータ、量子計算を行う装置が量子コンピュータです。量子計算は、古典計算とは本質的に異なり、古典計算では到達不可能な高速化が可能であると考えられています。また、量子計算は古典計算の範疇の計算はすべて可能で、上位互換となっています（図3.12）。量子計算を実現するため、量子コンピュータは、量子力学に従う量子ビットを基本単位とし、量子性をフルに使って構築されます。古典物理学にいく過程で近似され、消去されてしまったミクロなものの特有の現象（量子的な現象）を積極的に使うのです。この量子的な現象で最も基本的なものが、**波**と**粒子**の性質です。以下では、この2つの性質について詳しく説明します。

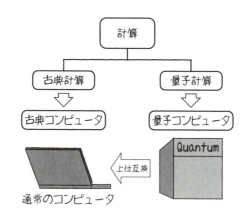

図3.12　計算の関係

3.2.3 量子力学のはじまり：電子と光

量子力学の対象となるミクロな物質の代表は、電子と光です。他にも、陽子や中性子、それらを合わせた原子や分子、光以外のさまざまな波長の電磁波も対象となりますが、ここでは代表的な電子と光の2つに絞って説明します[*3]。

電子は当初、有名なクルックス管による実験やミリカンの実験などによってその存在が明らかにされ、それらの実験結果から電子は小さな負の電荷を持った粒子だと考

---

*3 なぜ、電子と光なのか…。私たちが目にするたいていのものは、原子でできており、その原子は電子と原子核（陽子と中性子）でできています。電子と原子核の性質がわかれば世の中のたいていのものの性質が理解できることになります。ここでは、ミクロなものの代表として電子を扱います。また、光は電磁波であり、電磁波は世の中にありふれています。そこで、ミクロなもののもう1つの代表として光を扱います。

えられていました。一方、光は当初、有名なヤングの2重スリットの実験などによって、干渉という波特有の現象が観察されたことで、光は波だと考えられていました。

しかし、量子力学の誕生によって、電子は粒子だけでなく波の性質も併せ持つことがわかりました。一方、光は、波の性質だけでなく粒子の性質も併せ持つことがわかりました。量子力学では、あらゆる物質が波と粒子の2面性を持っているものとして扱います（図3.13）。そして、量子ビットは、まさに波と粒子の性質を併せ持っており、この2つの性質をうまく利用することで高速計算を実現しています。

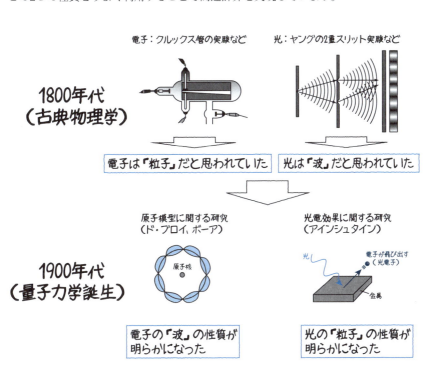

図3.13　量子力学の誕生

3.2.4 波の性質と粒子の性質

波の性質と粒子の性質を同時に併せ持つとはどういうことでしょうか？　まず、それぞれの性質について説明します。波と粒子の最も大きな違いは、空間に広がっているかで考えることができます。例えば池に石を落とすと水面に波（波紋）が連続的に広がっていきます。波は空間に広がっていくものということができます。一方、例え

ばゴマ粒を一粒想像してみてください。ゴマ粒という粒子は、空間の1点に集中しており、広がることはありません。このように考えると波と粒子は対照的な性質をもっていると考えることができます（図3.14）。それぞれの性質をもう少し深堀りしてみましょう。

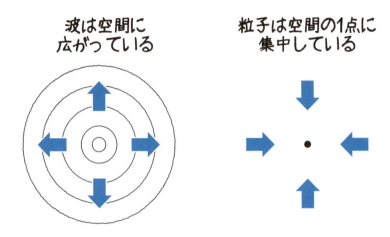

図3.14 波と粒子

波の性質

まず基本的な波の性質を考えてみましょう。最も基本的な波は、正弦波（サイン波）と呼ばれる図3.15に示した波です。波には山と谷が交互にあり、波の高さや一波の長さ、繰り返しの周期、波の進行速度といった性質によって特徴づけることができます。特に、量子コンピュータの理解にとって必要なのは、波の高さの半分である**振幅**と、波の周期中のどこにいるかを示す**位相**の2つの性質です。この2つだけを考えればよいので、波の1周期を取り出して説明しましょう。

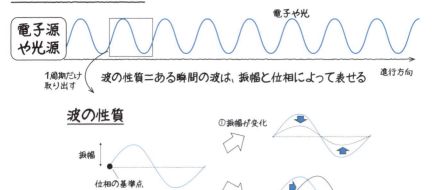

図3.15 振幅と位相の役割

　1周期だけ抜き出した波は、山が一つ、谷が一つあります。この波の中心の高さから山の頂上、または谷底までの長さを波の「振幅」と呼びます。振幅が変化する場合は、波の山谷の変動量が変化します。また、この山と谷がどの位置にいるかを波の「位相」と呼びます。位相は、波の特定のある基準点の位置と決めてよいので、例えば、「これから山になる手前の振幅が0の点（図3.15）」を基準点として、この点の位置を位相としましょう。一番左端に基準点がある場合は、位相0度とします。位相を変化させる場合は、位相の基準点をずるずると移動させます。基準点をこのようにずるずると右に移動させていくと、一番右まで移動したときは、もとの位相0度の波とぴったり合い、もとに戻ってきます。ここが、位相360度に対応して、一周したことになります。このように、位相は、0度から360度までいくと0度に戻るという性質があります。量子コンピュータでは、この波の振幅と位相が重要な役割を果たします。

　前述の量子ビットの振幅と位相は、まさにこの波の性質に対応したものと言えます。量子ビットの矢印は、波の性質と深く結びついており、ともに振幅と位相によって表すことができるという重要な性質があります。

粒子の性質

　続いて、粒子の性質について考えてみましょう。粒子は波とは対照的に広がったりすることはありません。粒子の持つ性質とは、どこか一点に存在していることだと考えることができます。そして、粒子の存在位置はある瞬間にはいつも確定しています

（図3.16）。

　以上がここで考える粒子の性質であり、実は量子ビットを測定したときの性質と深く結びついています。以下で量子ビットにおける波と粒子の性質について説明しましょう。

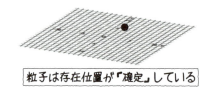

図3.16　粒子の存在位置

3.2.5　量子ビットの波と粒子の性質

　空間に広がっている波と空間の一点に集中している粒子は一見相入れないもののように感じますが、量子ビットはこれら波と粒子の性質を併せ持っていると考えることができます。以下で、波と粒子の性質がどのように量子ビットと関係しているのかイメージを説明します。

・量子ビットの波の性質

　まず、量子ビットは0と1の状態をそれぞれ波のように持ちます。波なので、連続的で、0か1かわからないあいまいな状態を取ることもできます。これは「重ね合わせ状態」と呼ばれ、0と1の「波」が重なり合っているイメージです。この重ね合わせ状態は、振幅と位相によって特徴づけることができます。量子計算の最中はこのふわふわした状態を使って計算を行います。

・量子ビットの粒子の性質

続いて、量子ビットは測定によって粒子の性質が現れます。ここで測定とは、物理的に用意した量子ビットに何らかの操作をして計算結果を読み出すことです。粒子の性質とは、ある確定した存在位置を持つことでしたが、この存在位置の解釈は少し広げて、"ある1つの値にばちっと決まる"性質という意味で捉え直してください。"確定した状態に決まる"性質といってもよいです。これが量子力学的な粒子の性質となります。量子ビットは粒子の性質によってどんな状態に確定するかというと、"0"状態か"1"状態かのどちらかの状態に確定します。測定した瞬間に"0"と"1"の重ね合わせ状態から、"0"か"1"かのどちらか1つの状態にばちっと決まるのです。

整理すると、量子ビットは測定するまでは波としての性質を保って"0"か"1"のふわふわした状態（ブロッホ球で表される矢印の状態）となっていますが、測定を行うと粒子の性質を現して"0"なのか"1"なのかがはっきりと決まるという性質を持ちます（図3.17）。

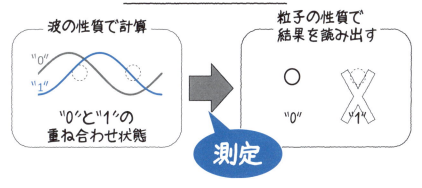

図3.17　量子計算の仕組み

3.2.6　量子ビットの測定確率

量子力学では「測定」は特別な操作として考える必要があり、ふわふわした波の性質を持っていた量子ビットが、測定をすると途端に、粒子の性質を発揮して0か1かのどちらか1つの状態にばちっと決まります。このとき、"0"や"1"に決まる確率は、測定前の振幅の値によって決定されます。量子ビットは測定前に、"0"と"1"の状態を

ある振幅と位相で持っており、"0"の振幅が大きいときは"1"の振幅は小さく、反対に、"0"の振幅が小さいときは"1"の振幅が大きいという関係になっています[*4]。そして、振幅の2乗が、"0"と"1"の測定確率を表します。そのため、量子ビットの振幅は、「確率振幅」とも呼ばれます。以後量子ビットの「振幅」のことを「確率振幅」と呼びます。したがって、測定を行うと、確率的に"0"状態か"1"状態かがランダムに確定して読み出されますが、確率振幅の2乗が大きい方がより高い確率で読み出されるということです。また、必ず"0"か"1"が出ることから、"0"の確率振幅の2乗と"1"の確率振幅の2乗の和（つまり二つの確率の和）はいつでも1（100%）になっています。

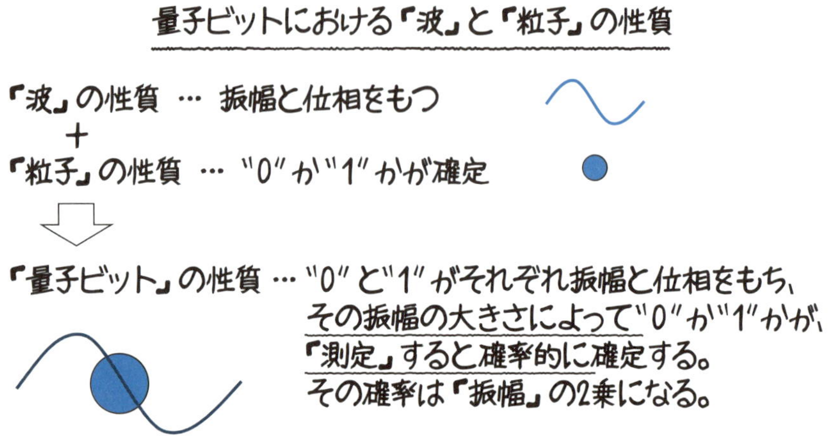

量子ビットにおける「波」と「粒子」の性質

「波」の性質 … 振幅と位相をもつ
　　＋
「粒子」の性質 … "0"か"1"かが確定

⇩

「量子ビット」の性質 … "0"と"1"がそれぞれ振幅と位相をもち、その振幅の大きさによって"0"か"1"かが、「測定」すると確率的に確定する。その確率は「振幅」の2乗になる。

図3.18　量子ビットのおける「波」と「粒子」の性質

[*4] これは測定によって、ブロッホ球の"0"と"1"を通る軸に矢印を射影したとき、矢印の影の位置が振幅の2乗に対応していることを意味しています。

3.3 ‖ 量子ビットの表し方

ここで量子ビットの表記の仕方について説明します。本書では、「ブラケット記法」と「ブロッホ球」、そして「波」による表現という3つの表記を使います。この表記を用いることによって、高速計算の仕組みを説明することができるようになります。

3.3.1 量子状態を表す記号（ブラケット記法）

まず1つ目は**ブラケット記法**と呼ばれるもので、量子ビットを数式で表現する際に一般的に広く用いられている記法です（図3.19）。

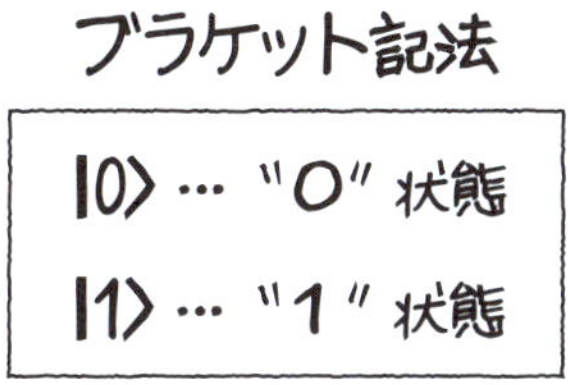

ブラケット記法

$|0\rangle$ … "0" 状態

$|1\rangle$ … "1" 状態

図3.19　ブラケット記法

$|0\rangle$は"0"状態に、$|1\rangle$は"1"状態に対応しています（図3.20）。本書では、この記法を用いた計算方法には深く立ち入らず、量子ビットの"0"状態と"1"状態を表すためだけに用います。この記法を用いて、重ね合わせ状態を表すことができます。

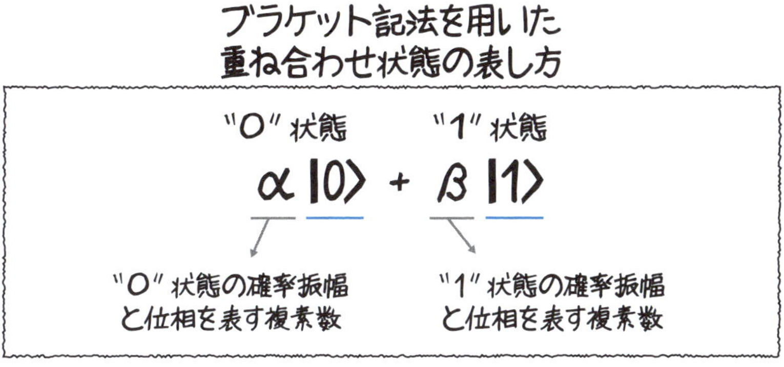

ブラケット記法を用いた
重ね合わせ状態の表し方

"0" 状態　　　"1" 状態

$$\alpha |0\rangle + \beta |1\rangle$$

"0" 状態の確率振幅　　"1" 状態の確率振幅
と位相を表す複素数　　と位相を表す複素数

図3.20　ブラケット記法を用いた量子重ね合わせ状態の表し方

重ね合わせ状態は足し算によって表します。そして、αとβは、それぞれ$|0\rangle$と$|1\rangle$がどのくらいの割合で重ね合わさっているかを表す"複素数"で、複素振幅とも呼ばれます。複素数であることがポイントで、これにより量子力学的な重ね合わせ状態を表現することができます。複素振幅は、確率振幅と位相という2つの実数を用いて表現され、波を表します（後述、図3.22）。よって、α、βという複素数はそれぞれ$|0\rangle$と$|1\rangle$に対応する波の状態を表すと考えることができます。また、この波の複素振幅の絶対値の2乗が測定確率を表します。つまり、$|\alpha|^2$が測定したときに$|0\rangle$が出る確率、$|\beta|^2$が測定したときに$|1\rangle$が出る確率を表しています。そして、確率の和が1（100％）であることから、$|\alpha|^2+|\beta|^2=1$という制約があり、これを満たすα、βである必要があります。

3.3.2　量子状態を表す図（ブロッホ球）

ブロッホ球表現は、量子ビットの状態を3次元的に表すことで、量子ビットの持つ確率振幅と位相が視覚的に理解できる優れた記法です。重ね合わせ状態とブロッホ球の対応を図で表すと図3.21のようになります。

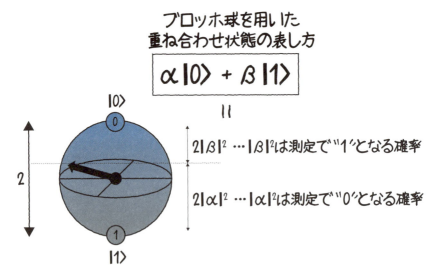

図3.21　ブロッホ球を用いた量子重ね合わせ状態の表し方

ブラケット記法ででてきた複素数αとβはそれぞれ$|0\rangle$と$|1\rangle$の割合を表す複素数（複素振幅）でした。これは、絶対値2乗が測定して0か1が得られる確率を表してい

ます。ブロッホ球では、この α と β の絶対値2乗の大きさが、矢印の高さに対応しています。ここで、ブロッホ球の半径は1（直径は2）であり、一番上（"0"）から矢印の先端の高さの間の長さが $2|\beta|^2$ となり、一番下（"1"）から矢印の先端の高さの間の長さが $2|\alpha|^2$ となることから、$2|\alpha|^2+2|\beta|^2 = 2$ となって、（両辺を2で割ると）$|\alpha|^2+|\beta|^2 = 1$ と一致します。

3.3.3 量子ビットを波で表す

本書ではブロッホ球に加えて、「一周期の波の図」を用いて確率振幅と位相（または複素振幅）を表し、これを用いて量子ビットの状態を説明します。表現している内容は、ブロッホ球と対応していますが、後に複数の量子ビットの状態を表現するときに便利な表現となります。

波の表現では、量子ビットの $|0\rangle$ と $|1\rangle$ のそれぞれの「確率振幅」と「位相」を1周期の波によって表しています。これは、複素数を習うとでてくる極形式（複素数の表し方の1つ、複素数を極座標で表す方法）を使って、複素数 α を2つの実数に分けると、sinとcosの波の関数として表すことができ、波の振幅と位相に対応する実数Aと ϕ を使って表されることから理解できます（図3.22）。つまり、複素数 α や β はそれぞれ波を表すのです。これにより、複素振幅の絶対値が確率振幅（$|\alpha|=$A）であり、測定確率は、複素振幅の絶対値の2乗の値、すなわち実数である確率振幅の2乗の値になることがわかります。

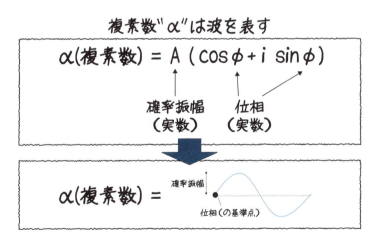

図3.22　複素数"α"は波を表す

それでは、上記の波の表現を用いて、重ね合わせ状態の量子ビットを表してみましょう。|0⟩に対応する波（複素数α）と|1⟩に対応する波（複素数β）をそれぞれ一周期の波で書いて縦に並べました。これにより|0⟩の波と|1⟩の波が視覚的にイメージできるようになりました。例えば図3.23のような量子ビットであれば、|0⟩の確率振幅が大きく、|1⟩の確率振幅は小さいので、測定すると確率振幅（の絶対値2乗）が大きい方、つまり|0⟩が出やすい量子ビットの状態なのだとわかります。

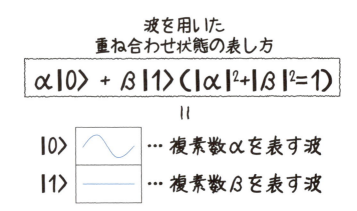

図3.23　波を用いた重ね合わせ状態の表し方

　以上を図にまとめました（図3.24）。量子ビットの状態における3つの表現方法を紹介しました。これらの表現はすべてに対応していますので、量子コンピュータの動作をイメージしながら理解するのに役立ててください。

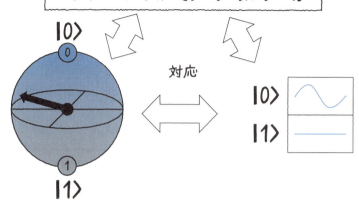

図3.24 重ね合わせ状態の3つの表し方

3.3.4 複数量子ビットの表し方

さて、これまでは単一の量子ビットの重ね合わせ状態を見てきました。ここからは、複数の量子ビットの状態を見ていきます。まず、ブラケット記法による複数量子ビットの表し方についてです。例えば3つの量子ビットがあり、1番目の量子ビットが $|0\rangle$、2番目の量子ビットも $|0\rangle$、3番目の量子ビットが $|1\rangle$ と確定している状態を表記すると、$|0\rangle|0\rangle|1\rangle$ と書けます。これは、$|001\rangle$ のように略して書くことができます（図3.25）。

図3.25 ブラケット記法を用いた複数量子ビットの表し方

|001⟩は、3つの量子ビットの状態が確定している状態を表しています。状態が確定していては古典ビットと変わらないので、量子計算の優位性がでてきません。量子計算の優位性は少なくとも重ね合わせ状態を使わなければでてきませんので、量子ビット特有の重ね合わせ状態を表してみましょう。例えば|0⟩と|1⟩の重ね合わせ状態にある3つの量子ビットを表現してみましょう。この場合、|000⟩と|001⟩と|010⟩と|011⟩と|100⟩と|101⟩と|110⟩と|111⟩の8通りの状態がすべて重ね合わされている状態になります。1量子ビットでは|0⟩と|1⟩の2通りの重ね合わせ、2量子ビットでは|00⟩と|01⟩と|10⟩と|11⟩の4通り、のようにn量子ビットでは2^n通りの重ね合わせ状態になるのです。これらの重ね合わせ状態は、すべて割合を表す複素数（α、β、$\cdots$、η）によって重み付けされて足し合わせればよいので、図3.26のような表記となります。|000⟩に対応する複素数αから、|111⟩に対応する複素数ηまで、それぞれの複素数がその状態の確率振幅と位相を表しています。

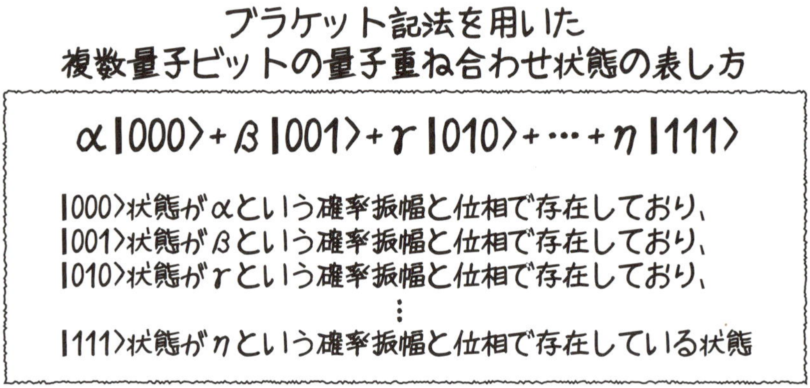

ブラケット記法を用いた複数量子ビットの量子重ね合わせ状態の表し方

$$\alpha|000⟩ + \beta|001⟩ + \gamma|010⟩ + \cdots + \eta|111⟩$$

|000⟩状態がαという確率振幅と位相で存在しており、
|001⟩状態がβという確率振幅と位相で存在しており、
|010⟩状態がγという確率振幅と位相で存在しており、
$\vdots$
|111⟩状態がηという確率振幅と位相で存在している状態

図3.26　ブラケット記法を用いた複数量子ビットの重ね合わせ状態の表し方

　複数量子ビットの重ね合わせ状態を他の表現方法で表してみましょう。ブロッホ球ではうまく表すことができないので、波による表現を使って表すと図3.27のようになります。|000⟩〜|111⟩までの対応する波の状態を表記しています。1量子ビットのときと同様に確率振幅の大きいものほど測定したときに出やすいものとなります。波は、測定した後の状態すべてに対応して1つずつ定義されることに注意してください。「量子ビットの数」ではなく、「測定した後の状態の数」分だけ波を考える必要があるのです。つまり、n量子ビットの場合は、2^n個の波を扱うことになります。

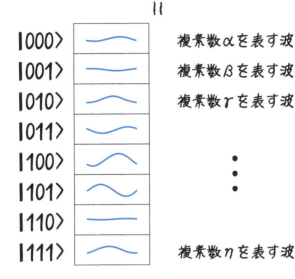

図3.27 波を用いた複数量子ビットの重ね合わせ状態の表し方

3.3.5 まとめ

量子ビットの表記方法のまとめを以下の図に示しています（図3.28）。

1量子ビットの状態はブラケット記法、ブロッホ球、波による表現の3つの表現で表すことができました。また、実際に量子計算では複数量子ビットを用いますが、ブロッホ球では複数量子ビットの重ね合わせ状態をうまく表現することができません。一方、ブラケット記法と波による表現で表すことができました。以降は、これらの表記を使って、量子計算の構成要素である量子ゲートについて説明していきます。

	ブラケット記法	ブロッホ球	波による表現
1量子ビットの重ね合わせ状態	$\alpha\|0\rangle + \beta\|1\rangle$ $(\|\alpha\|^2 + \|\beta\|^2 = 1)$	$\|0\rangle$ 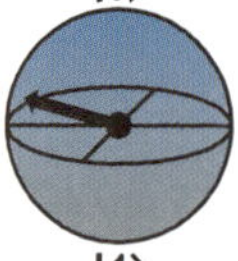 $\|1\rangle$	$\|0\rangle$ $\|1\rangle$ 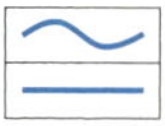
複数状態の重ね合わせ状態	$\alpha\|000\rangle + \beta\|001\rangle +$ $\gamma\|010\rangle + \cdots + \eta\|111\rangle$	—	$\|000\rangle$ $\|001\rangle$ $\|010\rangle$ $\|011\rangle$ $\|100\rangle$ $\|101\rangle$ $\|110\rangle$ $\|111\rangle$ 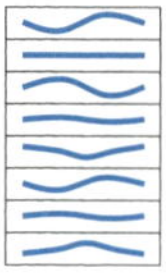

図3.28　量子ビットの表記方法のまとめ

COLUMN
量子エラー訂正

　すべての工業製品に完璧なものなどありえません。我々が普段使っている古典コンピュータも、計算結果はいつも正しく完璧なように見えて、実は内部の処理でエラー（誤り）が発生することがあります。しかし、古典コンピュータにはエラー訂正という機能がすでに入っておりエラーを自動で検出、訂正しているため、我々が普段使っているときに計算間違いがおこることはありません。

　量子コンピュータは、量子性を計算リソース（源）として用いているため、この量子性が壊れることによりエラーが発生します。量子性は非常に壊れやすいため、壊れるまでの時間（コヒーレンス時間）内に大規模な計算を終えることは困難です。そのため、大規模な量子計算には量子エラー訂正機能が不可欠となります。エラー訂正機能のついた量子コンピュータによる量子計算はフォールトトレラント（誤り耐性）量子計算と呼びます。フォールトトレラント量子計算は、万能（ユニバーサル）量子コンピュータを実現するための現状唯一の方法であり、人類の夢といってもよい最終目標です。量子誤り訂正は、古典誤り訂正とは大きく異なります。古典コンピュータではエラーがないかどうかをチェックする機能を付けて、エラーがあったら直す、という処理を加えればよく実際に行われていますが、量子コンピュータの場合エラーがないかどうかチェックするために量子ビットの状態を「測定」すると、この測定によって量子状態が変化してしまいます。また、同じ量子状態をコピーするということが量子力学の基本法則によって許されない（量子複製不可能定理）ために、コピーをつくってエラーをチェックするということもできません。

　物理学者は、複数の量子ビットを使って一つの量子ビットを表現する手法を開発し、この困難を乗り越えることに成功しました。そして、いくつかの有用な量子エラー訂正手法が考案されています。例えば、「表面符号」と呼ばれるエラー訂正手法があります。約1%程度のエラーを伴う量子ビット操作に対してこのエラー訂正手法を用いることにより、大規模な量子計算が理論上可能であることが示されています。そのため、フォールトトレラント量子計算を実現するためには、エラーの確率が1%以下の量子ビットを作り出すことが至上命題となっていました。2014年に超伝導量子ビットではじめてUCSB（カリフォルニア大学サンタバーバラ校）のジョン・マルティネス（John Martinis）のグループが1%を下回るエラーの量子ビット操作を超伝導回路によって実現したことで、フォールトトレラント量子計算の実現が見えてきました。そこから世界中で研究が加速し、現在マルティネス教授のグループはGoogleと共に量子コンピュータを開発しています。まだまだ量子エラー訂正は小規模なものの検証を行っている段階であり、大規模なフォールトトレラント量子計算の実現には時間が必要ですが、着実に研究が進められているため、今後の期待が高まります。

第 4 章

量子ゲート入門

情報の最小単位である量子ビットの次は、量子コンピュータの計
算方法について説明します。本章では、量子回路モデルの計算方
法について解説します。

4.1 量子ゲートとは？

量子回路モデルは、量子コンピュータの最も標準的な計算モデルであり、量子ゲートを用いて計算を行います。まずは、古典コンピュータで用いられる論理ゲートとそれに対応する量子ゲートの説明を行います。

4.1.1 古典コンピュータ：論理ゲート

古典コンピュータでは、論理ゲートを多数組み合わせることで計算が行われます（図4.1）。論理ゲートは、「ビットに働く操作」です。もともとゲート（gate）といえば「門」の意味ですが、ビットをこの「門」に通すと、ビットの状態が変化して出てくるといったイメージです。例えば、ANDゲートやNANDゲート、NOTゲートなどがあり、それぞれ固有の操作をビットに施します。そして、これらの論理ゲートの組み合わせで、足し算や掛け算、さらに複雑な計算が可能になります。論理ゲートは、真理値表という表[*1]を用いると簡単に理解できます。図に代表的な論理ゲートの真理値表を示します。例えば、ANDゲートは、入力は2つ、出力は1つで、入力の4通りに対して、"11"が入ったときだけ1を出します。他の論理ゲートも同様の真理値表によってその働きが決まっています。

---

*1　表を横方向に見ていくと入力とそれに対応する出力結果がわかる表です。

論理ゲート

NOTゲート

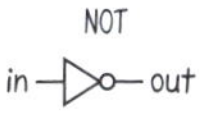

NOT

in —▷o— out

in	out
0	1
1	0

XORゲート

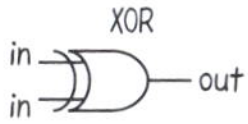

XOR

in ⫤)D— out
in

in		out
0	0	0
0	1	1
1	0	1
1	1	0

ANDゲート

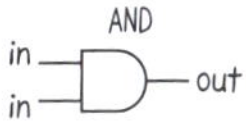

AND

in ⫤D— out
in

in		out
0	0	0
0	1	0
1	0	0
1	1	1

NANDゲート

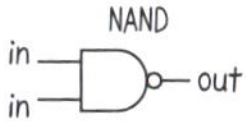

NAND

in ⫤Do— out
in

in		out
0	0	1
0	1	1
1	0	1
1	1	0

ORゲート

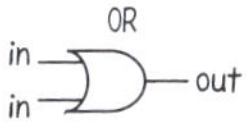

OR

in ⫤)D— out
in

in		out
0	0	0
0	1	1
1	0	1
1	1	1

NORゲート

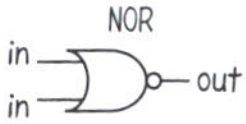

NOR

in ⫤)Do— out
in

in		out
0	0	1
0	1	0
1	0	0
1	1	0

図4.1 論理ゲート

4.1.2 量子コンピュータ：量子ゲート

　古典コンピュータの論理ゲートに対して、量子回路モデルの量子コンピュータでは、量子ゲートにより計算を行います。量子ゲートは、論理ゲートと同様に「量子ビットに働く操作」です。入力が古典ビットから量子ビットに変わり、それに合わせて操作の方法も変わります。量子ゲートにもいくつかの種類があり、真理値表を用いると簡単に理解できます。まずは、単一の量子ビットに働く量子ゲート（単一量子ビットゲート）の真理値表を図4.2に示しています。ただし、量子ビットが上で述べたように確率振幅と位相という2つの性質を持っているため、少し複雑になります。ここでは、量子ビットの0状態と1状態を、量子ビットであることがわかるように、|0⟩、|1⟩と書き換えています。論理ゲートよりも少し複雑になっていることがわかります。

量子ゲート(単一量子ビット)

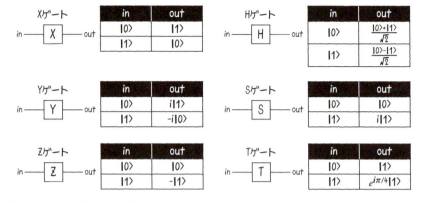

図4.2 量子ゲート（単一量子ビット）

4.1.3 単一量子ビットゲート

　真理値表にも複素数が出てきており、難しいと感じられるかもしれませんが、単一量子ビットの量子ゲート操作は、ブロッホ球のイメージを使って考えると実は単純です。球内の中心から伸びた矢印の方向が、量子ビットの状態に対応しているのでした。そして、量子ゲートを通す**量子ゲート操作**とは、この球の中の矢印をぐるりと回転することに対応しています。上の図にある量子ゲートは、入出力が単一である単一量子ビットゲートです。そのため、ある1量子ビットの表す状態が、量子ゲートを通すことによって、別の状態に変化します。そしてその変化は、量子ゲートの種類によってさまざまですが、例えばXゲートであればぐるりと180度矢印を回転させる操作を行います。このように、量子ビットの状態はブロッホ球の矢印で表し、量子ゲートはその矢印をぐるりと回転させる操作となります（図4.3）。

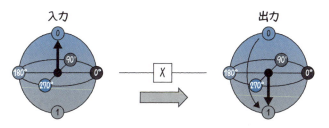

図4.3 量子ゲートは、矢印の回転操作

4.1.4 多量子ビットゲート

次に、多量子ビットに働く量子ゲートについても簡単に紹介します。古典コンピュータの論理ゲートでは、単一ビットに働くゲートはNOTゲートだけでした。0か1かしかないので、反転するという操作以外に操作のしようがないためです。一方、量子コンピュータでは、量子ビットに波の性質（確率振幅と位相）があるために、単一量子ビットの操作でも上で示した多くの種類の量子ゲートが存在します。そして、論理ゲートでは2ビットゲートがありますが、それに対応するのが、多量子ビットに働く図4.4に示すような量子ゲートです。こういった量子ゲートを組み合わせて複雑な計算を実現するのが量子回路モデルとなります。

量子ゲート(多量子ビット)

CNOTゲート

in1	in2	out1	out2
$|0\rangle$	$|0\rangle$	$|0\rangle$	$|0\rangle$
$|0\rangle$	$|1\rangle$	$|0\rangle$	$|1\rangle$
$|1\rangle$	$|0\rangle$	$|1\rangle$	$|1\rangle$
$|1\rangle$	$|1\rangle$	$|1\rangle$	$|0\rangle$

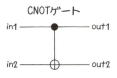

CZゲート

in1	in2	out1	out2
$|0\rangle$	$|0\rangle$	$|0\rangle$	$|0\rangle$
$|0\rangle$	$|1\rangle$	$|0\rangle$	$|1\rangle$
$|1\rangle$	$|0\rangle$	$|1\rangle$	$|0\rangle$
$|1\rangle$	$|1\rangle$	$|1\rangle$	$-|1\rangle$

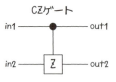

Toffoliゲート

in1	in2	in3	out1	out2	out3
$|0\rangle$	$|0\rangle$	$|0\rangle$	$|0\rangle$	$|0\rangle$	$|0\rangle$
$|0\rangle$	$|0\rangle$	$|1\rangle$	$|0\rangle$	$|0\rangle$	$|1\rangle$
$|0\rangle$	$|1\rangle$	$|0\rangle$	$|0\rangle$	$|1\rangle$	$|0\rangle$
$|0\rangle$	$|1\rangle$	$|1\rangle$	$|0\rangle$	$|1\rangle$	$|1\rangle$
$|1\rangle$	$|0\rangle$	$|0\rangle$	$|1\rangle$	$|0\rangle$	$|0\rangle$
$|1\rangle$	$|0\rangle$	$|1\rangle$	$|1\rangle$	$|0\rangle$	$|1\rangle$
$|1\rangle$	$|1\rangle$	$|0\rangle$	$|1\rangle$	$|1\rangle$	$|1\rangle$
$|1\rangle$	$|1\rangle$	$|1\rangle$	$|1\rangle$	$|1\rangle$	$|0\rangle$

SWAPゲート

in1	in2	out1	out2
$|0\rangle$	$|0\rangle$	$|0\rangle$	$|0\rangle$
$|0\rangle$	$|1\rangle$	$|1\rangle$	$|0\rangle$
$|1\rangle$	$|0\rangle$	$|0\rangle$	$|1\rangle$
$|1\rangle$	$|1\rangle$	$|1\rangle$	$|1\rangle$

CSゲート

in1	in2	out1	out2
$|0\rangle$	$|0\rangle$	$|0\rangle$	$|0\rangle$
$|0\rangle$	$|1\rangle$	$|0\rangle$	$|1\rangle$
$|1\rangle$	$|0\rangle$	$|1\rangle$	$|0\rangle$
$|1\rangle$	$|1\rangle$	$|1\rangle$	$i|1\rangle$

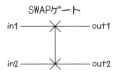

Fredkinゲート

in1	in2	in3	out1	out2	out3
$|0\rangle$	$|0\rangle$	$|0\rangle$	$|0\rangle$	$|0\rangle$	$|0\rangle$
$|0\rangle$	$|0\rangle$	$|1\rangle$	$|0\rangle$	$|0\rangle$	$|1\rangle$
$|0\rangle$	$|1\rangle$	$|0\rangle$	$|0\rangle$	$|1\rangle$	$|0\rangle$
$|0\rangle$	$|1\rangle$	$|1\rangle$	$|0\rangle$	$|1\rangle$	$|1\rangle$
$|1\rangle$	$|0\rangle$	$|0\rangle$	$|1\rangle$	$|0\rangle$	$|0\rangle$
$|1\rangle$	$|0\rangle$	$|1\rangle$	$|1\rangle$	$|1\rangle$	$|0\rangle$
$|1\rangle$	$|1\rangle$	$|0\rangle$	$|1\rangle$	$|0\rangle$	$|1\rangle$
$|1\rangle$	$|1\rangle$	$|1\rangle$	$|1\rangle$	$|1\rangle$	$|1\rangle$

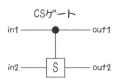

図4.4 量子ゲート(多量子ビット)

4.2 量子ゲートの働き

上記で紹介した量子ゲートの働きを紹介します。すべてのゲートについて紹介するのは大変なので、代表的なXゲート、Zゲート、Hゲート、CNOTゲートについて説明します。

4.2.1 Xゲート (ビットフリップゲート)

Xゲートは、「パウリのXゲート」とも呼ばれ、このゲートに入力として|0⟩が入ってくれば、出力として|1⟩を出します。また|1⟩を入力すると|0⟩が出力されます。つまり、|0⟩と|1⟩を反転させるゲートであり、状態を反転するので（量子版の）NOTゲートです。また、Xゲートに|0⟩と|1⟩の重ね合わせ状態が入ってきたら、それぞれの確率振幅と位相（複素振幅）をそっくり反転させます。この操作を「ビットフリップ」と呼びます。

図4.5にXゲートの真理値表とブロッホ球表現、波による表現をそれぞれ示しています。ブロッホ球では、球の北極の位置が|0⟩、南極の位置が|1⟩となっており、この2点を結ぶ軸をZ軸とします。そして、Z軸に直交するX軸、Y軸を設定します。Xゲートの名前の由来は、このような設定のブロッホ球上で、X軸を回転中心として180度回転させるゲートだからです。これで、|0⟩にXゲートを2回行うと、|0⟩→|1⟩→|0⟩となり、|0⟩に戻って来ることがわかります。180度回転を2回すれば360度回転なので、ブロッホ球上のすべての点は、Xゲート2回で元に戻る性質があります。反転の反転は元通りということです。また、X軸上にある|0⟩と|1⟩の均等な重ね合わせ状態は、Xゲートによって状態を変えないこともわかります。波の表現では、波をそっくりそのまま入れ替えればよいです。

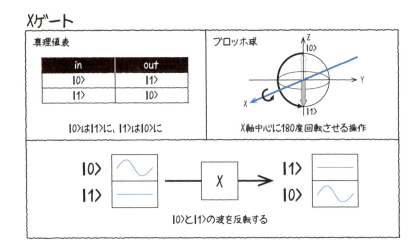

図4.5　Xゲート

4.2.2 Zゲート（位相フリップゲート）

　古典コンピュータにおける単一ビットゲートはNOTゲートのみでしたが、量子コンピュータにおける単一量子ビットゲートは、NOTゲートの量子版であるXゲート以外にもさまざまあります。Zゲートもその1つで、Xゲートが|0⟩と|1⟩反転（ビットフリップ）だったのに対して、Zゲートは位相反転（位相フリップ）を行うゲートです。|0⟩と|1⟩の位相差が0度の状態を入力すると、|0⟩と|1⟩の位相差が180度の状態が出力されます。これは、|0⟩を入力すると|0⟩のまま、|1⟩を入力すると-|1⟩とマイナスが付くことと同様です。**マイナスが付く**のと**位相差が180度変化する**というのは同じ意味となります（第3.3.3項で出てきた複素数と波の関係式で、位相ϕに$\phi+180$度を入れると全体にマイナスが付く形になります）。波の表現では、|1⟩の波の位相を反転させればよいです。

　図4.6に示すように、Zゲートは、ブロッホ球上のZ軸中心の180度回転操作に対応します。そのため、|0⟩や|1⟩といった重ね合わされていない状態は、Z軸上にあるため、Zゲートでは状態を変えません[*2]。このことから、|0⟩と|1⟩は、Zゲートの固有状態とも呼ばれ、Z軸を計算基底と呼びます。多くの量子計算の記述では、通常Z軸を特別な軸と設定しています（本質的にはどの軸も等価ですが書き方のルールとしてそうしています）。XゲートおよびZゲートを紹介しましたが同様にYゲートも存在し、これらのパウリのX、Y、Zゲートすべてが量子計算では頻繁に使われます。

[*2] -|1⟩状態は、グローバル位相は無視するという量子ビットのルールにより|1⟩と同一になります。ここで、グローバル位相とは、量子ビットの状態の全体についての位相項のことで量子計算には寄与しません。

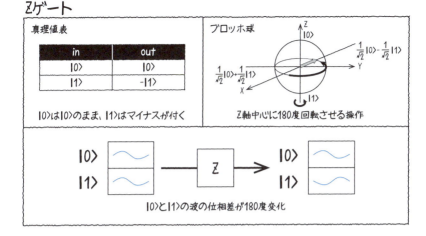

図4.6 Zゲート

4.2.3 Hゲート（アダマールゲート）

パウリのX、Y、Zゲートの他に重要なゲートがHゲートです。これはアダマール（Hadamard）ゲートと呼ばれるゲートで、例えば、重ね合わせ状態を作るときに用います（図4.7）。

|0⟩を入力すると|0⟩と|1⟩の均等な重ね合わせ状態を出力します。また、|1⟩を入力すると|0⟩と|1⟩の均等な重ね合わせで位相差が180度ついた状態を出力します。ブロッホ球では、Z軸とX軸の間の45度の傾きの軸を用意し、この軸を回転中心として180度回転させるゲートとなります。パウリのX、Y、Zゲートと同様に180度回転なので、2回操作を行うと元に戻ります。波の表現では、|0⟩のみに確率振幅がある場合には、|0⟩と|1⟩の両方に均等に確率振幅がある状態に変化させればよいです。また、|1⟩のみに振幅がある場合には、|0⟩と|1⟩の両方で均等に振幅がある状態として、|1⟩の位相のみ反転させます。

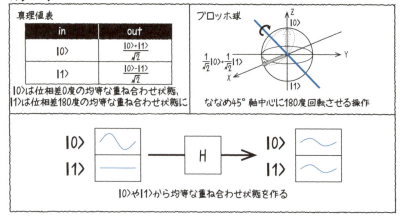

図4.7 Hゲート

　以上で、単一の量子ビットを操作する単一量子ビットゲートを見てきました。ほかにもSゲート、Tゲートなどのゲート、その他さまざまなゲートを作ることができますが、これらも、ブロッホ球上の回転操作であることは上記のゲートと共通しています。そして、単一量子ビットゲートはすべてブロッホ球上の回転操作として表すことができます。また、上記のように180度の回転操作以外にも任意の回転角度の量子ゲートを作ることができます。結局のところ量子計算そのものもブロッホ球上の回転操作の組み合わせであるということもできます。

4.2.4　2量子ビットに働くCNOTゲート

　続いて、2つの量子ビットを操作する量子ゲート（2量子ビットゲート）を紹介します。3つ以上の量子ビットを操作する量子ゲートは、単一量子ビットゲートと2量子ビットゲートの組み合わせで実現できるため、2量子ビットゲートまで理解すれば十分です。CNOT[*3]ゲートは、制御（Controlled）NOTゲートと呼ばれるゲートで、2入力2出力のゲートです（図4.8）。2入力のうち、片方を**制御（Control）ビット**、もう片方を**標的（Target）ビット**と呼びます。図に真理値表を示しています。CNOTゲートの働きは、制御ビットに|0⟩が入力されたら、標的ビットに何もせず、制御ビットに|1⟩が入力されたら、標的ビットにXゲート（NOT、ビットフリップ）を施します。制御ビットの状態に応じて標的ビットの働きが変わるのが特徴で、制御ビットが標的ビットを反転するかどうかのスイッチのような役割を果たします。

*3 「シーノット」と呼ばれることが多く、CXゲートと表記されることもあります。

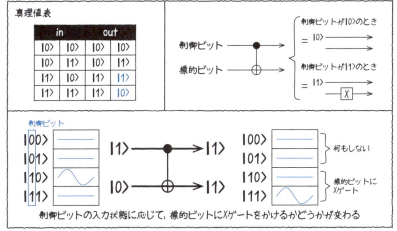

図4.8 CNOTゲート

2量子ビットゲートはCNOTゲート以外にもありますが、上記と同様に制御ビットと標的ビットという考え方が基本です。標的ビットにXゲート以外の例えばZゲートを行うCZゲート等があります。

4.2.5 HゲートとCNOTゲートによる量子もつれ状態の生成

ここで、CNOTゲートの制御ビットに$|0\rangle$や$|1\rangle$といった確定した状態ではなく、$|0\rangle$と$|1\rangle$の重ね合わせ状態が入力されたときどうなるか考えてみましょう。このとき制御ビットが$|0\rangle$の場合と$|1\rangle$の場合を場合分けして独立に考えればよいです。例えば、「制御ビットに$|0\rangle$と$|1\rangle$の均等な重ね合わせ状態、標的ビットに$|0\rangle$状態」がそれぞれ入力されたとしましょう。このとき出力は、「制御ビット$|0\rangle$で標的ビット$|0\rangle$（標的ビットに何もしない）」と「制御ビット$|1\rangle$で標的ビット$|1\rangle$（標的ビットにNOT操作）」の2つの状態が同時に現れた重ね合わせ状態となります。このように、CNOTゲートの制御ビットや標的ビットに重ね合わせ状態を入れると、場合分けする必要のある複雑な重ね合わせ状態を作り出すことができます。このような状態を「量子もつれ状態」と呼びます。

図4.9の波の表現では、「制御ビットに$|0\rangle$と$|1\rangle$の均等な重ね合わせ状態、標的ビットに$|0\rangle$状態」を入力した場合を示していますので確認してみてください。入力状態は$|00\rangle$状態ですが、出力状態は$|00\rangle$状態と$|11\rangle$状態の重ね合わせ状態になっており、

片方の量子ビットを測定して|0⟩だともう片方は**必ず**|0⟩だということがわかります。また逆に片方の量子ビットを測定して|1⟩だともう片方は**必ず**|1⟩だということがわかります。このように、片方が決まると自ずともう片方が"測定せずとも"決まるため、まるで2つの量子ビットが**もつれている**ような状態になっているということから、このような状態は**量子もつれ状態**と呼ばれるのです。

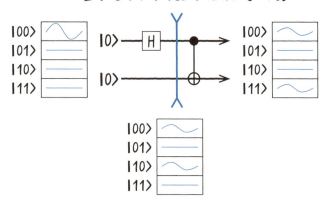

図4.9　量子もつれ状態生成回路（一例）

4.2.6　測定（計算基底による測定）

　ここまで量子回路モデルの量子計算に必要な基本的な量子ゲートを紹介しました。最後に、量子ビットの状態を読み出す**測定**について説明します。

　測定も1つの量子ゲートのように扱われており、量子ビットの状態を変化させ、0なのか1なのかを確定させる働きがあります（図4.10）。量子ビットの状態が重ね合わせ状態でも、測定をすると0か1の古典ビットの状態が得られます。そして、どちらが出るかは、|0⟩と|1⟩の割合を表す複素数（複素振幅）の絶対値2乗（確率振幅の2乗）の値によって確率的に決まり、|0⟩と|1⟩の確率振幅が同じ均等な重ね合わせ状態であれば、0が出るか1が出るかは50%ずつの等確率（50%：50%）で、まったくのランダムになります。

　測定前に波の性質を示していた量子ビットが、測定後は粒子の性質が現れると考えることができたのでした[*4]。

---

*4　これを量子力学の用語で波束の収縮と呼びます

また複数量子ビットの場合も測定をすると、ある1つの状態に確定します。例えば3量子ビットの場合には、"000"〜"111"までの8通りの状態が得られる可能性がありますが、測定をすると、そのうちの1つの状態に確定します。そしてもちろんどの状態が得られるかは、各状態の複素振幅の絶対値2乗の値によって決まります。

　以上は3量子ビットすべてを測定した場合を考えましたが、3量子ビット中の1量子ビットだけ測定するといったことも可能です。その場合、測定した1量子ビットのみ変化して0か1に決まり、残りの2量子ビットは量子ビットはその影響を受けます。このとき、残りの2量子ビットも1量子ビット目の測定による影響を受けて、各状態に対応する複素振幅（確率振幅と位相）が変化します。

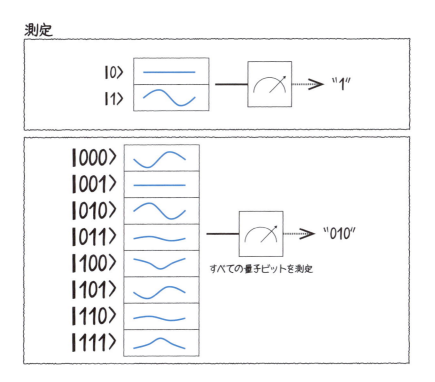

図4.10　測定

　測定は、量子力学特有の考え方で、イメージしづらいかもしれません。注意が必要なのが、測定を行う前と後では、量子ビットの状態が変化している点です。「測定前から量子ビットの状態は実は確定しているが、我々が知らないだけ」なのではなく、本当に測定という行為をした瞬間に、量子ビットの性質が変化するのです[5]（図

---

[5]　この解釈をコペンハーゲン解釈と呼び、他の解釈も存在します。（参考：コリン・ブルース, 量子力学の解釈問題—実験が示唆する「多世界」の実在 (ブルーバックス). 講談社, 2008）

4.11)。こう考えなければ説明のつかない実験結果が多数存在し、今では揺るぎない事実と考えられています。また、測定をする（測定結果を得る）のは人間である必要はまったくありません。では、何を持って測定と呼ぶのでしょうか？測定を「する」と「しない」の境目はあるのでしょうか？ 量子測定については、量子測定理論と呼ばれる量子物理学の1分野があり研究されている奥深いもので、興味のある読者はこれについての一般書籍を読むことをお勧めします。

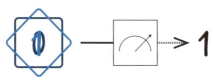

図4.11 量子状態は、測定するまで確定しない状態である

4.2.7 量子もつれ状態の性質

　量子力学の魅力や量子コンピュータの威力は「量子もつれ」にあるという説明がよくされます。2量子ビットの量子もつれ状態（エンタングル状態）は、例えば前述のようにHゲートとCNOTゲートによって作ることができ、量子コンピュータではよく出て来る量子状態の一つですが、とても重要な性質を持っています。本項ではこの量子もつれ状態の性質を説明します。そのために、まず測定についての補足説明をします。

任意の軸での量子ビットの測定

　量子ビットの測定は前項で説明したように、量子ビットの重ね合わせ状態を"0"か"1"かに確定させて、量子ビットの状態を読み出す働きがありました。実はこの測定は、「計算基底（Z軸）での射影測定」と呼ばれる測定を行っていることに対応しています。計算基底とはブロッホ球のZ軸のことで、この測定は『量子ビットから|0⟩か|1⟩かの古典ビットの情報を読み出す測定』と言うことができます。またこれは、ブロッホ球の矢印をZ軸に射影することに対応しており、「射影測定」と呼ばれます（図4.12）。

同様に、ほかの軸（基底）での測定を行うこともできます。例えばブロッホ球のX軸に射影する測定を行うこともできます。ブロッホ球のX軸上には、|0⟩と|1⟩の均等な重ね合わせ状態で位相が0度（0ラジアン）の状態と180度（πラジアン）の状態の2つの状態があります。これらの状態はプラス（+）状態（|+⟩）とマイナス（-）状態（|-⟩）とここでは呼びます。そのためX軸での測定は『量子ビットから|+⟩か|-⟩かの古典ビットの情報を読み出す測定』と言うことができます。測定後の量子ビットの状態は、測定結果に応じて|+⟩か|-⟩の状態に変化します。

　X,Zだけでなくブロッホ球の中心を貫く任意の軸で測定することができます。例えば、測定する軸の両端を|a⟩、|b⟩と名付ければ『量子ビットから|a⟩か|b⟩かの古典ビットの情報を読み出す測定』を行うことができます。このとき、測定後の量子ビットの状態は、測定結果に応じて|a⟩か|b⟩の状態に変化します。

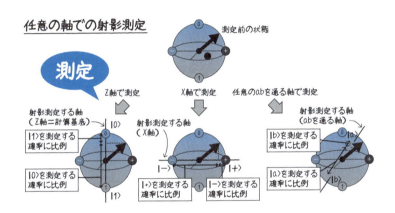

図4.12　任意の軸での射影測定

量子もつれ状態の性質

　ここで、量子もつれ状態にある2つの量子ビットをいろいろな軸で測定してみるとどうなるでしょうか？ 以下のような性質があります。

　量子もつれ状態の2つの量子ビットは、例えば第4.2.5項で説明した片方|0⟩のときもう片方も|0⟩、片方|1⟩だともう片方も|1⟩となる量子もつれ状態（(|00⟩+|11⟩)/√2）では、次のようになります。

- 同じ軸で測定すると完全な相関を持つ（図4.13）。
- 2つの直交する軸で測定すると完全に無相関（ランダム）である。
- 2つの任意の軸で測定すると、2つの軸の角度差に応じた相関を持つ。

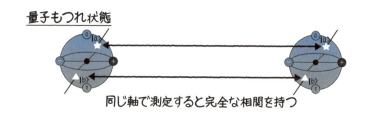

図4.13　量子もつれ状態の2つの量子ビットを同じ軸で測定する

　この量子もつれ状態の2つの量子ビットは、同じ軸での測定では完全な相関を持ちます。例えば、図4.9で作成した量子もつれ状態は、計算基底（Z軸）での測定では、片方が|0⟩ならもう片方も|0⟩、片方が|1⟩ならもう片方も|1⟩でした。実はこれだけでなく、任意の軸の測定によって、片方が|a⟩ならもう片方も|a⟩、片方が|b⟩ならもう片方も|a⟩という相関があるのです。そして、測定によって|0⟩と|1⟩がランダムに出るのと同様に、|a⟩と|b⟩もランダムに出ます。このような相関を「量子相関」と呼びます。また、同じ軸で測定するのではなく、異なる軸で測定を行うと、測定に用いた2つの軸の角度差によって、相関の強さが変化し、2つの軸が直交しているとき相関が0（無相関）となります。例えば、上記の量子もつれ状態の2つの量子ビットを、片方はZ軸測定、もう片方はX軸測定すると、片方の|0⟩と|1⟩の出現ともう片方の|+⟩と|-⟩の出現は完全にランダム（無相関）になります。

　このような性質は、量子もつれ状態の種類が異なれば異なりますが、その本質が変わることはありません。例えば、直交した軸で測定して完全な相関が出るような量子もつれ状態を作ることもできますが、その場合は同じ軸で測定を行うと無相関となります。

　量子相関は、古典的な現象では決して実現することができない、量子特有の現象です（「ベルの不等式の破れ」や「アスペの実験」といったキーワードで調べることで理解が深まります）。そのため、量子計算においても重要な役割を果たしていると考えられます。また、以下で説明する量子テレポーテーションは、この量子もつれの性質を使った応用例（量子回路）となっています。

4.3 量子ゲートの組み合わせ

以上で量子回路の構成要素である量子ゲートの働きについて説明しました。ここからは、量子ゲートを組み合わせて別の量子ゲートを構築したり、簡単な量子回路を構築したりすることで、初歩的な量子計算を行ってみます。

4.3.1 SWAP回路

まずは、量子ゲートを組み合わせて別の働きをする量子ゲートを構成する例として、**SWAP回路**（スワップゲート、交換ゲート）を紹介します。SWAP回路は、2つの量子ビットの状態を交換する回路です。これは、CNOTゲート3つを組み合わせることで実現できます。図4.14に、SWAP回路の真理値表とCNOTゲートを3つ使った等価な構成を示しています。上記のCNOTの働きを思い出しながら、SWAP回路の真理値表を確認してみましょう。このように、基本的な量子ゲートを組み合わせることでさまざまな働きを持つ量子回路を構成することができます。実際、HゲートとTゲート（真理値表は第4.1.2項）をうまく組み合わせれば任意の単一量子ビット演算を実現でき、さらにCNOTゲートを組み合わせれば任意の多量子ビットの演算（つまり任意の量子計算）を実行できます。そのため、H, T, CNOTは、ユニバーサルゲートセット（万能量子演算セット）の一例となっています。

図4.14 SWAP回路

4.3.2 足し算回路

　続いて足し算量子回路を紹介します。2進数2つの足し算は、例えば、図4.15のような4量子ビットの量子回路によって計算できます[*6]。量子回路では、左側から右側に時間が進んでいくのが一般的です。一番左の|0⟩が4つ縦に並んでいるのが、それぞれの量子ビットの最初の状態（初期状態）を表しています。基本的に量子回路モデルでは初期状態を|0000⟩のようにすべて|0⟩状態とする取り決めとなっています。ここで、初期状態が計算の入力ではないことに注意が必要です。量子回路では、計算の入力は量子ゲートの組み合わせとして表されます。また、計算の出力（計算結果）は量子ビットの状態測定結果となります。本回路では、「入力部分」に置く量子ゲートの組み合わせによって計算の入力を表します。入力方法は、図4.15に記載されています。Xゲートを入れると、量子ビットが|0⟩から|1⟩に変化し、"1"を入力することができます。本回路の1番目と2番目の量子ビットのa,bの位置の量子状態が入力に対応しており、3番目、4番目の測定後の状態c,dが出力に対応しています。量子回路の計算部分は、3つの量子ゲートにより構成されており、左から1つ目がToffoliゲートと呼ばれるゲート（真理値表は第4.1.4項に記載）で、CNOTゲートの制御ビットが2つに増えたものとなっており、CCNOT（Controlled controlled NOT）ゲートとも呼ばれます。Toffoliゲートは2つの制御ビットに|11⟩が入力されたときだけ、標的ビットにXゲートがかかります。2つ目、3つ目の量子ゲートはCNOTゲートで、計算結果は、3番目の量子ビットの測定結果cが計算結果の2桁目、4番目の測定結果dが計算結果の1桁目に対応しています。ToffoliゲートとCNOTゲートの働きを当てはめながら、足し算回路の真理値表を確認してみましょう。

[*6]　もっと簡単な3量子ビットの回路でも構成可能です。（参考：宮野 健次郎 古澤 明. 量子コンピュータ入門(第2版). 図5.3, 日本評論社, 2016）

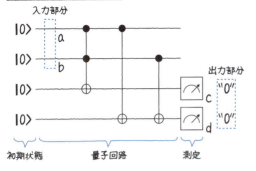

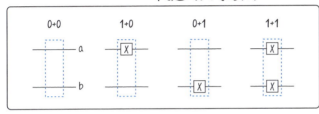 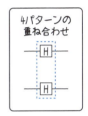

図4.15　足し算の量子回路

4.3.3　足し算回路による並列計算

　さて、この足し算回路ですが、これまでの説明では、古典計算と同様の計算しかできないので、量子計算の意味がありません。そこで、量子回路の入力部分にXゲートではなくHゲートを入れることで、重ね合わせ状態を入力してみることを考えましょう。図4.15の右のようにHゲートを2つの量子ビットにかけると、それぞれ$|0\rangle$と$|1\rangle$の均等な重ね合わせ状態となります。a,bはともに$|0\rangle$も$|1\rangle$も同時に入力された状態となります。この場合もこの回路は正常に動作し、出力部分c,dの測定前の状態は、0+0と0+1と1+0と1+1の4つの計算結果が均等に重ね合わさった状態になっています。「これぞ量子計算！4つの計算を並列的に実行したので、超並列計算が実現され、もっともっと入力ビット数を増やしていけば膨大な計算も瞬時に終わらせることができます！」と言いたくなるのですが、現実はそううまくいきません。

　問題は、測定によって得られる計算結果がランダムに選ばれてしまうことです。せっかく「0+0と0+1と1+0と1+1の4つの計算結果が均等に重ね合わさった状態」を作

っても、測定時にどれが出るかわからなければ、得られた結果が4つの計算のどの結果なのかがわからず、意味のある計算にはならないのです。そのため、この量子回路は、古典計算はできますが、重ね合わせ状態を用いて古典計算を凌駕する量子計算はできません。では、どうすれば優位な量子計算が可能になるのでしょうか？これについて第5.2節にて詳しく説明します。

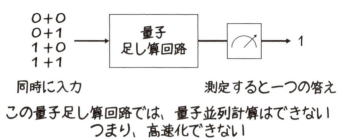

図4.16　量子足し算回路では量子並列計算はできない

4.3.4 可逆計算

　量子計算の特徴的な性質として**可逆計算**という性質があります。可逆計算とは、逆戻りが可能な計算のことで、出力の状態から入力の状態を正しく推測することができるような計算です。例えば、古典計算のNOTゲートは、出力が0ならば入力は1、出力が1ならば入力は0と、出力値から入力値を正しく推測することができます。そのため、NOTゲートは可逆計算といえます。一方、ANDゲートは、出力が1であれば、入力が11だったということがわかりますが、出力が0だった場合入力が00だったのか01だったのか10だったのか、この3通りのどれだったのかを正確に推測することは不可能です。そのため、計算の逆戻りができない（出力から入力への計算ができない）ため、ANDゲートは可逆計算ではありません。

　このように、古典計算のANDゲートやNANDゲートなど、「入力と出力の数が異なる」ゲートは不可逆計算となります。すなわち、可逆計算であるためにはNOTゲートのように入力と出力の数が同じである必要があるのです。

　そこで、量子計算の量子ゲートを見てみますと、すべての量子ゲートが入力と出力の数が同じになっています（図4.17）。つまり量子計算は可逆計算なのです。可逆計算の考え方は「計算するのにエネルギーが必要か？」といった議論と深い関係があり、理論的には可逆計算を行うのにエネルギーは必要ないという結論が導かれています（ランダウアーの原理）。ただし、これは理論的な話であり実際に消費電力0の量子コ

ンピュータを作るのは困難を極めると考えられます。

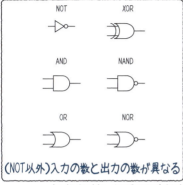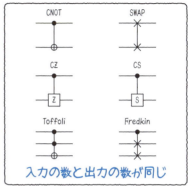

図4.17　論理ゲートは不可逆計算、量子ゲートは可逆計算

COLUMN
量子計算の万能性とは

　万能量子コンピュータの「万能」とはどういう意味でしょうか？それは、量子力学で説明されるあらゆる現象を計算（シミュレート）できるという意味です。この世界でおきる物理現象のほとんどは量子力学で説明できることが知られています。そのため、量子力学の基礎方程式を正確に計算することができれば、理論上はこの世界でおきる物理現象のほとんどを説明できることになります。また、量子力学は古典力学を完全に包含しているため（古典力学は量子力学の近似）、古典力学に従って動く古典コンピュータで計算できるあらゆる問題は量子コンピュータで完全に計算することができます。

　量子力学の基礎方程式はシュレディンガー方程式と呼ばれます。この方程式から導き出される結果はこれまで行われてきたさまざまな実験結果とすべて一致しているため、シュレディンガー方程式は正しいものと信じられています。

　このシュレディンガー方程式が意味することは、量子力学に従うすべての物理現象は、ユニタリ時間発展と呼ばれる方法で時間変化していくということです。自然はユニタリ時間発展によってこの世界を変化させているのです。そのため、ユニタリ時間発展を計算することができれば、量子力学で説明されるあらゆる現象を計算できることになります。そして、量子コンピュータはまさに量子ビットのユニタリ時間発展を計算する（ユニタリ変換を行う）装置と考えることができます。量子計算とはつまりユニタリ時間発展の計算のことなのです。量子計算（ユニタリ時間発展、ユニタリ変換）は、量子ゲートの組合せで表すことができます。よって、あらゆるユニタリ時間発展（ユニタリ変換）を計算できる装置を"万能"量子コンピュータと呼ぶのです。

　では、ある量子コンピュータが万能かどうかはどのように知ることができるのでしょうか？量子コンピュータの万能性を示すためには、量子回路モデルの場合いくつかの量子ゲートセットが必要であることがわかっています。古典コンピュータでは、例えばＮＡＮＤゲートさえあれば、その組合せですべての古典計算が実現できます。量子コンピュータでは、例えば「単一量子ビットゲートとＣＮＯＴゲート」があれば万能性を示すことができます。また、単一量子ビットゲートは、ＨゲートとＴゲートがあれば、その組合せによって作ることができるため、「Ｈゲート、Ｔゲート、ＣＮＯＴゲート」のセットがあれば万能性が示されます。（さらにＳゲートがエラー訂正に必要）このような万能性を示すゲートセットの組み合わせを実機で実現することが万能量子コンピュータ開発の最大の目標となっています。

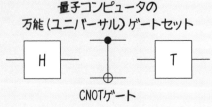

図4.18　量子コンピュータの万能ゲートセット

第 5 章

量子回路入門

量子回路モデルでは、量子回路を構築することで量子計算を行います。本章では、量子回路を用いて、シンプルな量子計算の例を解説し、量子計算の高速化の仕組みを解き明かします。

5.1 量子テレポーテーション

量子テレポーテーションという有名な量子操作について説明します。これは、シンプルな量子回路の例であり、また計算だけでなく、さまざまな量子的な物理現象を表現するのに有用であることがわかる例となっています。また、測定型量子計算と呼ばれる量子計算の方法への基礎となる重要な例でもあります。

5.1.1 状況設定

量子テレポーテーションの状況設定を説明します。AさんとBさんが遠く離れたところにおり、Aさんが1量子ビットの量子状態$|\Psi\rangle$をBさんに送りたいとします。$|\Psi\rangle$は$|0\rangle$と$|1\rangle$の重ね合わせ状態にありますが、割合を表す係数αとβはAさんもBさんも知りません。そして、AさんとBさんは、古典的な通信（古典通信、例えば電話やメールなど）のできる通信路しか持っていません。これでは、量子状態を送ることができません。量子状態は、測定してしまうと壊れてしまうので、測定して古典情報（古典ビット）にして送ると、元の量子状態が再現できないからです（図5.1）。そのため、Aさんは、Bさんに量子状態を"壊さずに"送る方法を考えています。

図5.1 量子テレポーテーションの設定

5.1.2 量子もつれ状態の2量子ビット

量子状態を壊さずに、古典通信を用いて送る方法が量子テレポーテーションです。これを行うために、まずAさんとBさんは、遠く離れる前に**量子もつれ状態**の2量子ビットを作って、1量子ビットずつを事前に持っておきます。量子もつれ状態とは、特

殊な相関（量子相関）を持つ2つの量子ビットのことで第4.2.5項で紹介した量子ゲートによって作り出すことができます。|00⟩状態（2量子ビットともに|0⟩）からスタートして、片方にHゲートをかけて均等な重ね合わせ状態を作り、その後CNOTゲートの制御ビット側にこの重ね合わせ状態を入力し、もう一方の標的ビット側に|0⟩状態を入力します。CNOTゲートの出力は、|00⟩状態（制御ビット|0⟩の時標的ビット|0⟩のまま）と|11⟩状態（制御ビット|1⟩のとき標的ビットにNOTゲートがかかって|1⟩）の均等な重ね合わせ状態となります。この状態は、$1/\sqrt{2}|00⟩+1/\sqrt{2}|11⟩$と表される2量子ビットの状態で、片方が|0⟩だともう一方は必ず|0⟩であり、片方が|1⟩だともう片方は必ず|1⟩であるという、特殊な性質（量子相関）を持った2つの量子ビットの状態となります。例えどんなに遠くに離れていても片方の測定結果が|0⟩か|1⟩かによってもう片方の量子ビットの状態が確定してしまうので、まるでもつれたような状態であることから、量子もつれ状態と呼ばれているのでした（図5.2）。さらに、量子もつれ状態の2つの量子ビットは、同じ軸で測定すれば必ず相関があるという、特殊な相関関係を持っているのでした。量子テレポーテーションでは、この量子相関の性質を使います。AさんとBさんは2人で量子もつれ状態の2量子ビットを作り、お互いに片方ずつ分け合ってから、遠く離れたとしましょう。

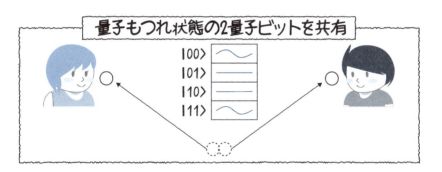

図5.2　量子もつれ状態の共有

5.1.3　量子テレポーテーション

さて、遠く離れた2人は、量子もつれ状態の量子ビット対の片割れを1つずつ持っており、これを使うことでAさんの持つ未知の量子ビット|Ψ⟩をBさんに送りたいという状況です。まずAさんは、量子もつれ状態の片割れの量子ビットと送りたい量子状態|Ψ⟩を入力としてCNOTゲート操作を行います。このとき、制御ビット側に|Ψ⟩、

標的ビット側に量子もつれ状態の片割れを入力します。そして、制御ビット側の出力にHゲートをかけてから、両方の量子ビットをAさんが測定します。測定結果は、|00⟩か|01⟩か|10⟩か|11⟩のどれかに等確率（25%ずつ）になることが量子ゲートの計算によりわかります（ここでは量子ゲートの計算の詳細には立ち入りませんが）。そして、どの状態になったかをBさんに古典通信で伝えます。例えば、Aさんが|00⟩を測定したとしたら、「|00⟩が測定されたよ」とAさんがBさんに電話等で伝えるのです。その後、BさんはAさんに教えてもらった測定結果に応じて、自分の持つ量子もつれ状態の片割れの量子ビットに、量子ゲート操作を施します。Aさんに、|00⟩と教わったら何もしない、|01⟩と教わったらXゲートを、|10⟩と教わったらZゲートを、|11⟩と教わったらXゲートをかけてその後Zゲートをかけます。そうすると、Bさんの持っていた量子もつれ状態の片割れの量子ビットが、この量子操作によって、|Ψ⟩状態に変化しているのです。Aさんの測定結果が4つのどの状態になったとしても、|Ψ⟩がどんな状態であったとしても量子テレポーテーションは成功するので、AさんはBさんに見事|Ψ⟩状態を送ったことになります（図5.3）。

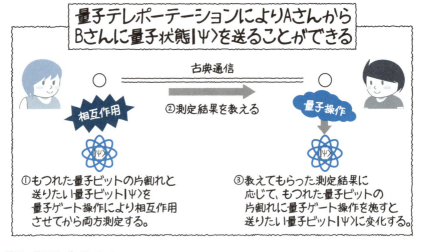

図5.3　量子テレポーテーション

5.1.4 量子回路による表現

　以上が、量子テレポーテーションという操作です。これを量子回路で表すことができます（図5.4）。最初にAさんBさんがともに|0⟩状態を持っているところからスター

トし、量子もつれ状態をHとCNOTゲートにより生成して準備完了です。その後、2人は遠くに離れ、Aさん側でCNOTとHゲートを送りたい量子状態|Ψ⟩と量子もつれ状態の片割れに施して測定します（ここで、CNOTは相互作用を表し、上側の測定はHゲートと計算基底での測定によってX軸での測定を、下側の測定はZ軸での測定を表します）。そして、測定結果をBさんに古典通信によって伝え、BさんはAさんに教わった測定結果に基づいてXやZゲートを量子もつれ状態の片割れに施します。量子回路図では、古典通信を二重線で表しており、一番上の量子ビットの測定結果が1だったらZゲートを、2番目の量子ビットが1だったらXゲートを施すことを示しています。これによりBさん側には量子状態|Ψ⟩が生成され、量子テレポーテーションが完了するのです。

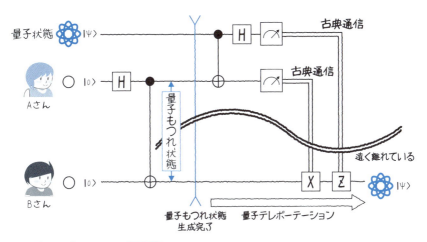

図5.4　量子テレポーテーションの量子回路

5.1.5　量子テレポーテーションの特徴

　量子テレポーテーションでは量子力学の特徴を顕著に表す2つのことが起こっています。1つ目は「一見光の速度よりも速い通信が行われているように見えること（超光速通信）」で、2つ目は「量子状態がコピーできないことを示す例となっていること（量子複製不可能定理）」です。

　1つ目は、相対性理論（相対論）という量子力学（量子論）に並ぶ物理の基本的な理論によって「光よりも高速に通信することはできない」ことが示されています。しかし、量子もつれ状態の量子ビット対を用いると、片方の量子ビットの測定結果に応

じてもう片方の量子ビットの状態が（どんなに遠くに離れていても）瞬時に確定するため、あたかも測定結果の情報が光の速度よりも高速に伝わっているように見えます。しかしながら、量子テレポーテーションでは、古典通信（もちろん光の速度を超えられない）を行ってからでないと、Bさんは|Ψ⟩を得ることができず、**意味のある情報**は光の速度を超えて送られていません。つまり、古典通信で測定結果の情報を送るという部分がミソなのです。2つ目は、量子力学では「量子状態はコピーができない」という定理があります。量子テレポーテーションでは、|Ψ⟩という量子状態をAさんからBさんに送っていますが、Aさんの測定結果をBさんに送って初めてBさんは|Ψ⟩を手にするため、|Ψ⟩が同時に2つ存在している時間は一瞬たりともありません。Aさんが測定によって|Ψ⟩を壊したのち、Bさん側に|Ψ⟩が再現されているのです。このように、量子状態をコピーすることができないため、量子コンピュータではコピーandペーストのような操作が禁止されており、我々の使っている古典コンピュータとはかなり違ったものになることが想像できます（図5.5）。

図5.5　量子テレポーテーションの特徴

5.2 ‖ 高速計算の仕組み

第4.3.2.項では、足し算の量子回路を構築しましたが、重ね合わせ状態を入力しても意味のある計算を行うことができず、量子計算による高速計算は実現されませんでした。量子計算によって古典計算よりも高速な計算を実現するためには、もう少し量子回路に工夫が必要です。どのような工夫をすれば高速計算を実現することができるのか本節で説明します。その工夫において、重要な役割を果たすのが、波の**干渉**という性質です。

5.2.1 波の干渉

量子ビットは、計算中、0と1の状態を波としてある確率振幅と位相で持っており、量子計算の操作ではこの波を干渉させることができます。波の干渉とはいったいどんなものかここで説明しましょう。

例えば、2つの波をぶつけることを考えると、山どうし谷どうしがぶつかるとより大きい波になります（振幅が増加）。強め合いの干渉と呼びます。また反対に、山と谷、谷と山がぶつかると、打ち消し合って平坦になります（振幅が低下）。弱め合いの干渉と呼びます。このように、2つの波のぶつかりによる振幅の変化を、波の**干渉効果**と呼びます（図5.6）。そして、この干渉効果により振幅が増加するか低下するかは、ぶつかる2つの波の位相差によって決まります。

量子コンピュータ（特に量子回路モデル）では、量子ビットの波を干渉させることが高速計算にとって重要な役割を果たします。たくさんの量子ビットを用意すると、量子ビットの状態の組合せそれぞれに波が割り当てられます。量子回路によってこれらの波を干渉させることにより量子計算が行われます。このとき「位相」によって干渉の仕方が変わるため、量子計算にとって「位相」はとても重要な役割を果たします。以下で実際の計算の仕組みと高速計算の理由について説明します。

図5.6　波の干渉効果

5.2.2　同時にすべての状態を保持する：重ね合わせ状態

　量子ビットは、0と1の状態をそれぞれ確率振幅と位相という形で持ちます。量子回路モデルの量子コンピュータでは、この量子ビットを多数用意し、すべての量子ビットを|0⟩状態（0の確率振幅が1.0（100%）で1の確率振幅が0.0（0%）の状態）に設定して初期化を行います。そして、あらかじめ量子アルゴリズムによって決められた量子回路にそって、各量子ビットに量子ゲート操作を行っていきます。

　それぞれの量子ビットが、量子ゲートを通過するごとに状態が変化し、「確率振幅」と「位相」が変化していきます。例えば、先ほど出てきたHゲートを通すと、0状態は0と1の確率が半分ずつ（50%/50%）の均等な重ね合わせ状態になります。そのため、n個の量子ビットすべてをHゲートに通した後は、0と1の均等な重ね合わせの量子ビットがn個できあがります（n=3の場合を図5.7に示しています）。一つひとつの量子ビットは、0と1が50%の確率で**測定**される状態になっていますので、nビットのすべての状態を測定することを考えると、例えば1ビット目からnビット目まで、すべて"0"が出る可能性があります。つまり、"000000…0"と"0"がn個の状態が計算結果として得られる可能性があります。そして、1ビット目からnビット目まで、すべて"1"が出る可能性ももちろんあります。つまり、"111111…1"と"1"がn個の状態が計算結果として得られる可能性があるのです。他にも、"010101…1"などのように、nビットの2進数の取り得るすべての状態（2のn乗通りの状態）が測定される可能性が等確率で存在します。これはつまり、測定しなければ、2進数の取り得るすべての状態（2のn乗通りの状態）の重ね合わせ状態が実現されていることになります。ただし、それぞれの状態の得られる確率は2のn乗分の1のとても小さい確率になっています。

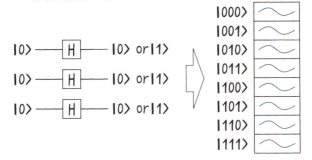

図5.7 3量子ビットの均等な重ね合わせ状態

5.2.3 確率振幅の増幅と結果の測定

　このように、量子コンピュータでは、同時に多数の状態を実現することができるため、これをうまく用いると、超並列計算が可能になるというのが、量子コンピュータの高速計算の仕組みです。上記のように、すべての量子ビットをHゲートに通して、n量子ビットの均等な重ね合わせ状態を作ると、"000000…0"から"111111…1"までのすべての状態が実現されます。確率振幅は、その状態が実際に測定される確率を表すのでしたから、それぞれの状態が持つ確率振幅は非常に小さく（2のn乗分の1の平方根に）なります。また、それぞれの状態の位相は、Hゲートを通した後はすべて同位相になっています。そこで、位相を変化させる量子ゲート、例えばZゲートにいくつかの量子ビットを通すと、Zゲートの作用によっていくつかの状態の位相が180°変化します（n＝1の場合を図5.8に示しています）。その後再度Hゲートを通すと、今度は確率振幅の干渉効果が起こり、ある状態の確率振幅が増加し、別の状態の確率振幅が低下するといったことが起こります。ここでは、Hゲートが各状態の波を干渉させる役割を果たしているのです。このように、量子ビットをさまざまな量子ゲートに通していくことで、状態の確率振幅の干渉を巧みに起こしていきます。ここで、うまく計算結果の正しい答えに対応する状態の確率振幅だけを増加させて、ほかの間違った答えに対応する状態の確率振幅を打ち消すことで確率振幅を低下させるように量子回路（量子ゲートの順序や組み合わせ）を設計するのが量子アルゴリズムです。

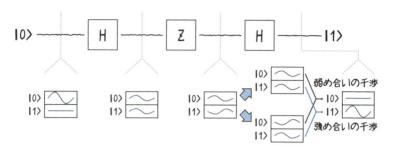

図5.8　1量子ビット回路の量子干渉の例

　図5.9の例では、3量子ビットの真ん中の量子ビットにZゲートをかけることで、測定結果において|010⟩の状態だけが高確率で測定される回路になっています。その他の状態は後半のHゲートによって弱め合いの干渉効果が起こりました。この回路の場合、計算というほどではなく、|000⟩状態を|010⟩状態に遷移させただけですが、量子回路における干渉の効果が理解できる単純な回路の例となっています。

　うまく量子アルゴリズムを設計し、より複雑な量子回路を構築すると、古典コンピュータに比べて圧倒的に高速に計算結果を得ることができます。これが量子コンピュータの高速計算の仕組みです。

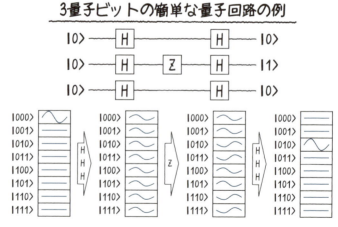

図5.9　3量子ビットの簡単な量子回路の例

5.2.4 量子コンピュータによる高速計算の例：隠れた周期性の発見

もう少し複雑な量子回路を例に、量子計算の有用性を説明しましょう。量子計算の代表的な例として、**量子フーリエ変換**（Quantum Fourier Transform：QFT）があります。これは、ある状態を入力すると入力に応じた周期性を有する量子状態を出力する量子回路と考えることができます。図5.10では3量子ビットのQFT回路を示しています。QFT回路の中身は、これまでに紹介した量子ゲートの組み合わせで構築されていますが、複雑なのでここでは中身の構成には立ち入らず、その働きだけを見ていきます。

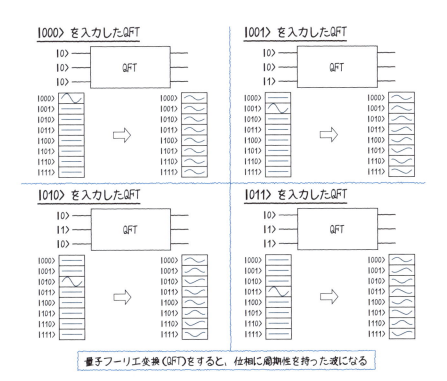

図5.10 量子フーリエ変換（QFT）をすると、位相に周期性を持った波になる

3量子ビットの入力において、|000⟩状態を入力する（図5.10 左上）と、QFT回路の出力は|000⟩〜|111⟩のすべての状態の均等な重ね合わせ状態となります。これは、Hゲート3つを通した場合と同様の働きとなります。また、|001⟩状態を入力する（図

5.10 右上）と、|000⟩のときと同様に|000⟩〜|111⟩のすべての状態の均等な重ね合わせ状態となりますが、それぞれの波の位相が少しずつシフトしていることがわかります。この位相シフトは、ちょうど|000⟩〜|111⟩で1周期シフトしています。続いて、|010⟩状態を入力する（図5.10 左下）と、やはり位相のシフトした均等な重ね合わせ状態となります。この場合は位相のシフト量が|000⟩〜|011⟩までで1周期、|100⟩〜|111⟩まででもう1周期シフトしており全体では2周期シフトしています。さらに、|011⟩を入力する（図5.10 右下）と、3周期の位相シフトをしている均等な重ね合わせ状態となります。このように、QFT回路は、入力量子ビットの状態に応じて、位相に周期性を持った量子ビットの状態を出力するという働きがあります。

QFT回路のこの働きを逆に利用することで、隠れた周期を発見することができます。QFT回路の逆変換回路を**量子フーリエ逆変換（Inverse QFT：IQFT）回路**と呼びます。IQFT回路の働きは図5.11のようにQFTとは入力と出力が反対の働きをします。そのため、もし、位相に周期性を持った量子状態を入力すると、その周期に応じた状態の確率振幅だけがIQFT回路による干渉効果により増幅されて出力されます。測定結果を見ると、入力状態の位相にどんな周期が隠れていたのかを検出することができる**周期性発見回路**として働くと考えることができます。

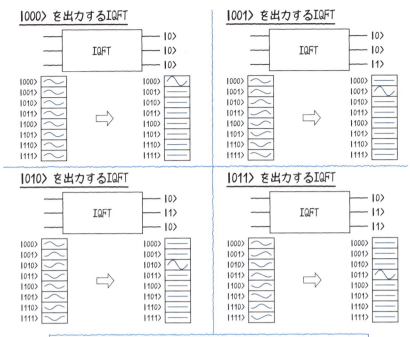

図5.11 量子フーリエ逆変換（IQFT）を用いて"隠れた周期性"を高速に発見できる！

このIQFT回路は、古典計算より高速な量子計算のアルゴリズムの一部として良く使われており、波の干渉により隠れた周期を探し出すという部分は量子計算の高速性に本質的役割を果たします。素因数分解を高速に解く**ショアのアルゴリズム**の一部としても利用されています。

5.2.5 量子もつれ状態

ここで再度、量子もつれ状態について考えてみましょう。量子計算ではこの量子もつれ状態が重要な役割を果たしていると言われます。量子もつれ状態とは、量子テレポーテーションでも出てきた、測定により片方の量子ビットが確定するともう片方の量子ビットも状態が瞬時に確定する、量子的な相関を持った状態です。量子もつれ状態は、量子絡み合い状態や量子エンタングルメント状態と呼ばれることもあり、量子テレポーテーションで用いたのは、2量子ビットの量子もつれ状態で、HゲートとCNOTゲートを用いることで生成されるのでした。複雑な量子回路になると、この量

子もつれ状態が、2量子ビット間だけでなくもっと大規模なもつれ状態として現れます。これは、それぞれの量子ビットの状態を1つのブロッホ球で表すことができず、「この量子ビットが|0⟩だったら、この量子ビットはこの状態、|1⟩の場合は…」のように場合分けしなければ記述できない状態ともいえます。後述するショアやグローバーといった量子アルゴリズムを実現する量子回路は、すべてこれまで紹介した量子ゲートを組み合わせることで構築できますが、非常に複雑になり、大規模な量子もつれ状態が現れます。そのため、計算途中の量子ビットの各状態を独立に考えることはできず、測定後のあらゆる組み合わせについて個別に考えなければなりません。これが、複数量子ビットの場合はブロッホ球ではうまく表現できない理由でもあります（そのため、測定後のすべての状態を縦に並べた"波の表現"を使いました）。

このように、量子回路の量子計算では、量子もつれ状態はごく自然に現れ、これを計算リソースとして量子計算が行われているということもできます（図5.12）。

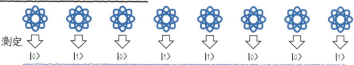
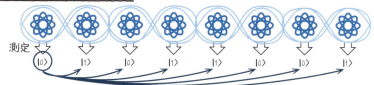

図5.12　量子計算における量子もつれのイメージ

5.2.6 まとめ

量子コンピュータによる高速計算の仕組みは以下の要点にまとめることができます。

- 量子計算の基礎である量子力学では**波**と**粒子**の性質を併せ持つ
- 量子計算の基本単位である量子ビットは、測定前には**波**の性質を持っており|0⟩状態と|1⟩状態の重ね合わせ状態になっている
- 量子ビットを測定すると、**粒子**の性質を発揮して|0⟩か|1⟩にばちっと決まる
- 測定される確率は、それぞれの状態のもつ波の複素振幅の絶対値の2乗（確率振幅の2乗）によって決まる
- 量子ビットを多数の量子ゲートによって構成された量子回路によって操作し、波の干渉効果を利用して所望の状態の確率振幅のみを増幅することで量子計算を行う
- 例えばIQFT回路では、入力状態の隠れた周期を発見することが高速にできる

結局何が量子計算を古典計算よりも高速にしていたのでしょうか。量子コンピュータでは、波の干渉によって、同時に複数の状態の確率振幅を変化させ、所望の量子状態の確率振幅のみを増幅する操作が鍵となっています（図5.13）。古典計算では、確率振幅の打ち消し合いや増幅といった干渉効果を実現することができないのです。

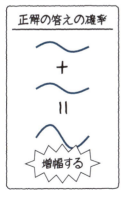
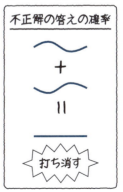

図5.13 高速計算の仕組み

COLUMN
量子力学における測定の不思議

・波束の収縮

　測定（または観測とも言う）すると量子ビットの状態が変化し、0と1の重ね合わせ状態から0か1に確定した状態になることを量子力学では、「波束の収縮」と呼びます。測定前の量子状態が波（波束）のようであり、測定によって粒子のように収縮するという意味です。この現象はあきらかに我々の常識を超えた現象であり、量子力学の不思議さを示す代表例としてよく取り上げられます。特に、「シュレディンガーの猫」は有名です。しかし、この波束の収縮という現象は1つの解釈であり、この解釈をコペンハーゲン解釈と呼びます。ほかにもエヴェレットの多世界解釈などもあり、量子コンピュータの生みの親の一人であるデイヴィッド・ドイチュも多世界解釈の支持者であることが知られています。

・計算途中の測定

　量子ビットの状態を「測定」するということは、量子コンピュータでは特殊な意味を持つことは前述のとおりです。古典コンピュータの場合、計算途中のビットの値（メモリに格納された情報）を読み出すことは計算の最後であろうが計算途中であろうが何度読み出しても何の問題もなく計算を行うことができます。一方、量子コンピュータでは、計算途中の量子ビットの値を読み出すと、測定によって量子ビットの状態そのものが変化してしまいます。量子回路モデルでも量子アニーリングでも、計算途中（量子ゲート操作やアニーリング操作の途中）に、量子ビットの状態を不必要に読み出してはいけません。計算途中で不必要に量子ビットを測定することは、計算途中にノイズが入ることと等価で（このノイズは「デコヒーレンス」と呼ばれます）、結果的に計算結果を間違えることとなります。したがって、「測定」は計算結果を得るために、計算の最後に行います。または、あえて測定による状態の変化を利用して量子計算を行う場合もあります（測定型量子計算など）。

第6章

量子アルゴリズム入門

本章では量子コンピュータを取り巻くシステムと量子アルゴリズム
の役割を説明します。そして、古典計算よりも高速な計算が可能で
あることが知られている代表的な量子アルゴリズムについて紹介し
ます。

6.1 量子アルゴリズムの現状

　量子コンピュータのアルゴリズムで有名なものにショアやグローバーのアルゴリズム（後述）があります。これらのアルゴリズムは、理論的に古典コンピュータよりも高速だということが広く知られています。ただし、これらのアルゴリズムは万能量子コンピュータを前提としたアルゴリズムであり、つまりエラー耐性が必須であるために、実現には大きな障壁があります。

　現状は、数十〜数百量子ビットのノイズのある非万能量子コンピュータ（NISQ）が開発されつつある状況のため、ショアやグローバーを実装するのではなく、NISQでも実用性を見出すことができる可能性のある量子古典ハイブリッドアルゴリズムの研究が進んでいます。

　まずグローバーのアルゴリズムとショアのアルゴリズムについて紹介し、その後量子古典ハイブリッドアルゴリズムについて説明します。

図6.1　量子アルゴリズムの現状

6.2 ‖ グローバーのアルゴリズム

グローバーのアルゴリズムは、古典コンピュータに対する高速化が知られている探索問題を解くためのアルゴリズムです。また、このアルゴリズムで用いられる振幅増幅の手法は、量子性を用いたアルゴリズムの重要な例となっています。

6.2.1 概要

グローバーのアルゴリズムは例えば探索問題を解くためのアルゴリズムとして使えます。探索問題とはなんでしょうか？ 本書では、特定の条件を満たすものを見つけ出す問題を探索問題と呼びます。ここでは例として、閉路を探索する「ハミルトン閉路問題」を考えます。

ハミルトン閉路問題とは、「複数の都市を一度ずつめぐって出発地に戻る巡回路（閉路）が存在するか」を調べる問題です。

図6.2左に示すような地図を見て、閉路が存在するかしないかを求める問題を考えましょう。これを解くためには、普通に考えるとスタート地点から都市1つずつを辿っていってすべての都市を一度ずつめぐって戻って来られるかを試行錯誤しながら見つけることになります。この場合、考えられる順路をしらみつぶしに調べていく方法しかありません。順路は都市数が増えていくと指数的に増えることが予想されます。そのため、しらみつぶしに順路をすべて調べるのは計算機を用いても困難となります。（ハミルトン閉路問題はNP完全問題であることが知られています。）しかし、一度閉路を見つければ、この地図が「閉路あり」であることがすぐにわかります。つまり、この探索問題は「解くのは難しいが、確かめるのは簡単」な問題となっています。

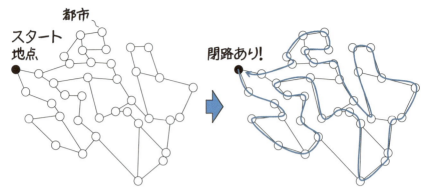

図6.2 ハミルトン閉路問題

　こういった問題は、量子コンピュータによって効率良く解くことができる場合があります。グローバーのアルゴリズムでは、すべての順路を多数の量子ビットの状態で表して、ある順路が条件を満たす（すべての都市を通る）閉路かどうかを判定する回路を量子ゲートで構築します。N通りの順路がある場合には、$\sqrt{N}$回程度の計算でよいことが示されています。普通にしらみつぶしに調べるとN回程度見ていかなければならない、つまりN回程度の計算が必要なので、$\sqrt{N}$回はとても高速です。

6.2.2　量子回路

　まず、グローバーのアルゴリズムの量子回路図の概要を図6.3に示します。この量子回路は、入力量子ビットに対して、最初にHゲートをかけ、その後グローバーオペレータ（以後G回路と呼びます）を繰り返しかけるという構成になっています。G回路の中身は、これまで出てきた量子ゲートの組み合わせによって構成されていますが、詳細は立ち入らずその働きを説明します。

　この量子回路では、まずHゲートによってすべての状態の均等な重ね合わせ状態を生成します。そして、探索したい全順路をこの重ね合わせ状態の各状態に割り当てます。つまり、$|000\cdots0\rangle$状態〜$|111\cdots1\rangle$状態の一つひとつがそれぞれ異なる順路に対応しており、このうち条件を満たす（すべての都市を通る）閉路がどれかを探索したいという問題設定にします。例えば$|010010\rangle$状態に対応する順路が条件を満たす閉路だったとしましょう。もちろん計算するまで、条件を満たす閉路が$|010010\rangle$であることを我々は知りません。我々が持っているのは、ある状態を入力するとそれが条件を満たす状態かどうかを判断してくれる量子回路（オラクルと呼ばれます。ここで

は判定回路と呼びます）です。

　つまり、我々はある（順路に対応する）量子状態が条件を満たす状態（解）であることを「判定」はできるけれども、それがどんな状態なのか（どんな順路なのか）は「知らない」という状況なのです。これがグローバーのアルゴリズムの問題設定です。

　この判定回路に、すべての状態を1つずつ入力していけばいつかは解がどれか見つけることができますが、探索対象の状態の数（解候補数）がN状態あった場合、およそN回程度は入力しないといけないのでNが大きいと時間がかかりすぎます。一方、判定回路が量子回路であることから、重ね合わせ状態を入力することも可能で、あらゆるすべての状態（全解候補）を同時に入力することもできます。このとき、うまく量子回路を組むと、探したい状態の確率振幅だけを増幅することができ、N回よりも速い$\sqrt{N}$回程度の入力で探索が可能となるのです。

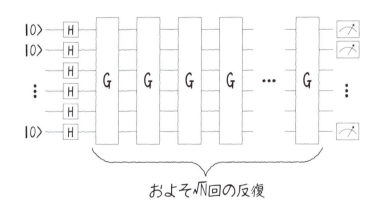

図6.3　グローバーのアルゴリズムの量子回路図

　グローバーオペレータ（G回路）の働きについて説明します。1つ目のG回路には均等な重ね合わせ状態が入力されます。G回路の中は2段構成となっており、1段目に判定回路があり、これにより探したい状態の位相を反転します。図6.4には確率振幅が描かれていますが、均等な重ね合わせ状態の中で、探したい状態の確率振幅にマイナスが付いています（位相の反転とマイナスが付くのは同じ意味）。この判定回路は探したい状態にマークを付ける働きをするとも言えます。その後、2段目に増幅回路があり、先ほどマークを付けた状態の確率振幅だけを増幅します。どのように増幅するかというと、入力状態の確率振幅の平均値周りに反転するような操作をします。これにより、位相の反転した（マイナスの付いた）確率振幅だけ平均値との距離が遠いはずなので、平均周りに反転することで確率振幅の増幅が起きるのです。

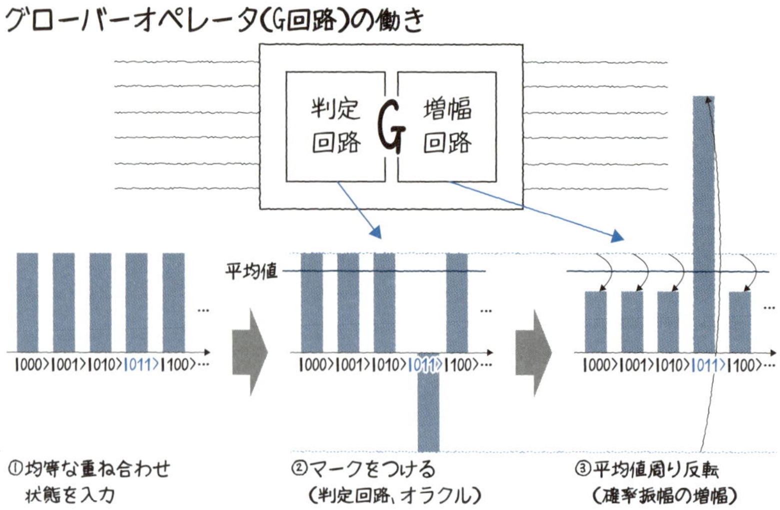

図6.4　グローバーオペレータ（G回路）の働き

　このようなG回路を一度通ると、探したい状態の確率振幅が増幅され、測定される確率があがります。しかし、一度では、他の状態の確率振幅もそれほど低くないので、測定をして正しい解が出てくれるかは保証できません。そこで、このG回路を何度も通すことで、より解の確率振幅を高めます。図6.5には、3量子ビットで8状態の中から|011⟩状態の解を得る場合のG回路の様子を波の表現と確率振幅にて示しています。解候補がN個あるときおよそ$\sqrt{N}$回程度G回路を通せば十分正しい解が得られるため、このアルゴリズムの計算量のオーダーは$\sqrt{N}$とされています。グローバーのアルゴリズムの（記号O(*)を用いて表す）計算量のオーダーは、$O(\sqrt{N})$であり、全探索を行う古典アルゴリズムO(N)に対して、$\sqrt{N}$倍高速になっています。また、古典アルゴリズムに対する優位な高速性を証明することができます。ただし、計算量としてグローバーオペレータ（というサブルーチン）の呼び出し回数を用いた見積もりを行っているために実際の計算時間として優位かどうかはわかりません。

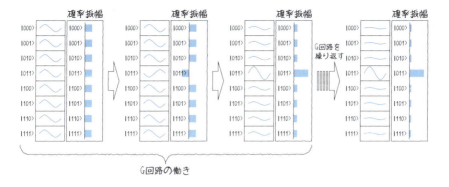

図6.5　G回路の波の表現と確率振幅

6.3 ショアのアルゴリズム

　ショアのアルゴリズムは、1994年にピーター・ショア（Peter Shor）によって、実用性のある最初の量子アルゴリズムとして発表されました。それ以前は量子コンピュータが実用的な問題において古典コンピュータよりも高速である例は発見されておらず（グローバーのアルゴリズムはロブ・グローバー（Lov Grover）によって1996年に発見された）、量子コンピュータに対する注目度も低かったようです。しかし、ショアのアルゴリズムが発表されると、素因数分解の高速化という現代の暗号システムの基盤を揺るがすアルゴリズムだっただけに、大きな注目を浴びて量子コンピュータの研究が注目されるようになりました。

6.3.1 概要

　素因数分解とは、ある正の整数を素数の掛け算の形に分解することです。例えば、正の整数「30」は、「5 × 3 × 2」というように分解できます。このようにすべての正の整数は、ただ一通りの素数の組によって分解することができるのです。

　さて、この素因数分解は、どんな役に立つのでしょう。実は、「すごく大きな数の素因数分解」は、現在のコンピュータでも解くことが困難であるという特徴があります。例えば、「6265590688501」を素因数分解してみましょう。筆算や電卓で計算するのは大変なほど大きな数なので、コンピュータを使いましょう。答えは、「12978337 × 482773」となります。ここで2つの整数は、「12978337」も「482773」もどちらも素数です。この問題を計算機で解くとき、「2から順番に素数で割っていく」のがもっともシンプルな方法です。割り切ればその数が求めたい素因数のうちの1つだとわかるからです。しかし、そのためには、482773は40227番目の素数ですので、40227回割り算の計算をする必要があります。このくらいの計算であれば、現在のコンピュータでも計算可能ですが、もっと大きい数の素因数分解になるとどんどん計算量が増加し、数年、数十年計算し続けていても素因数分解できないというような問題を簡単に作ることができます。

　一方、素因数分解のもう1つの性質として、一度答えが出れば、それが正しいかどうかは簡単に検算（確認）できるということがあります。12978337 × 482773 = 6265590688501というのはコンピュータを使えばたった一回の掛け算で計算できるので、簡単です。これは、素因数分解をするときに比べて、とても簡単な問題ということになります。このように、素因数分解は、上記の探索問題と同様に「解くのは難

しいが、確かめるのは簡単」という特徴を持っているのです。

図6.6　素因数分解

　こういった特徴を持った問題は「一方向性関数」と呼ばれ、「暗号」（特に公開鍵暗号）に使われています。鍵を知らない人が暗号を解読するのは困難ですが、鍵を知っていれば解読（復号）は簡単というのが暗号の基本です。この性質を数学的に満たしているのが、一方向性関数なのです。実際にRSA暗号では素因数分解を基にする方向性関数が使われ、インターネットのセキュリティを守っています。

　さて、実際に使われているこの素因数分解ですが、量子コンピュータを使うと、高速に解けてしまう可能性があります。もし本当にそんなことが起きたら、これまで使われていた暗号方式は破綻する可能性がでてきますので、社会へのインパクトは大きいです。実際に、量子コンピュータでも破れないようにするための暗号方式（耐量子暗号）の開発も現在活発に行われています。

　では、どのように量子コンピュータで素因数分解を行うのでしょうか？それを実現するのが、**ショアのアルゴリズム**です（図6.7）。素因数分解アルゴリズムの一部に、量子ゲートをうまく組み合わせた量子計算部を入れることで、高速な素因数分解が可能になるのです。このアルゴリズムは、1994年に発見されて以来量子コンピュータ開発の強い動機の1つとなっています。しかし、実際に現在使われている暗号解読（例えば2048ビットRSA暗号など）をショアのアルゴリズムによって実現するためには、エラー耐性のある量子コンピュータが必要であり、1千万～1億量子ビットが必要と言われています。現状の量子コンピュータでは未だ数十量子ビットが実現されている段階ですので現状はまだまだ非現実的です。

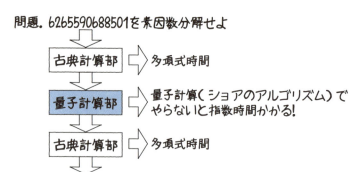

図6.7 ショアのアルゴリズム

6.3.2 計算方法

　ショアのアルゴリズムは大きな数の素因数分解を高速に行うことができます。図6.8にフローチャートを示します。真ん中の**位数発見**という箇所だけが量子計算部分で量子コンピュータによって計算を行います。位数発見は、古典コンピュータで計算を行うと膨大な計算量となりますが、量子コンピュータでは素因数分解したい数のビット数（L）の3乗のオーダーで計算を行うことができます。アルゴリズムの他の部分も古典コンピュータでLの3乗以下のオーダーで計算可能なため、ショアのアルゴリズムにより素因数分解はLの3乗のオーダーで可能であるとされています。

　図6.8のフローチャートの説明を簡単にします。まずMという素因数分解したい数について、古典計算で簡単に素因数分解可能でないかのチェックを行います（Step1）。その後、Mよりも小さい数xを用意しMと共に位数発見という量子アルゴリズムに入力します（Step2）。位数発見アルゴリズムは、量子フーリエ逆変換を応用して隠れた周期を見つけるアルゴリズムで、これにより位数rと呼ばれる数を見つけることができます。そして、用意した数xと位数rを用いてMの素因数pを求めることができるのです（Step3）。gcdは最大公約数を表します。現代の暗号システムでは、このように「隠れた周期性」を用いているものが多くあります。一見ランダムな乱数に見えるような数の中に周期性を隠しておくことで暗号とするのです。このような隠れた周期性は、古典コンピュータでは見つけることが困難ですが、量子コンピュータでは見つけることが可能です。そこで活躍するのがこの量子フーリエ変換を応用した周期を見

つけるアルゴリズムなのです。

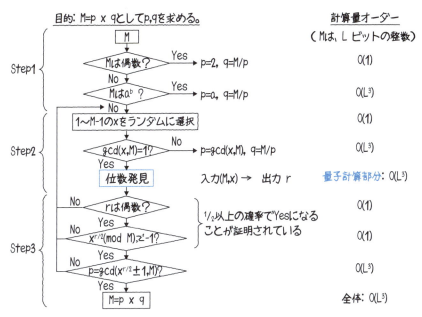

図6.8　計算方法のフローチャート

　ショアのアルゴリズムは、現在古典コンピュータによる最速のアルゴリズムよりも指数関数的に高速な計算を行うことができると考えられています。ただし、ショアのアルゴリズムが古典コンピュータのあらゆるアルゴリズムに対して指数関数的に高速であるかどうか証明されているわけではありません。今後、より効率的な古典の素因数分解アルゴリズムが発見される日が来る可能性もあります。

6.4 量子古典ハイブリッドアルゴリズム

ノイズのある数十～数百量子ビットのNISQを用いた有用なアルゴリズムの開発は、現在量子コンピュータの開発にとって急務の課題となっています。量子古典ハイブリッドアルゴリズムは、非万能量子コンピュータと古典コンピュータを併用することで、古典コンピュータだけでは解くのが困難であった問題を解くアルゴリズムで、現在活発に研究されています。ノイズにより計算結果を間違える可能性のあるNISQを用いて意味のある計算を行うために、古典コンピュータで可能な計算は積極的に古典コンピュータを活用し、量子コンピュータでしか実行できない部分をできる限り小さくすることで、エラーを抑えて効率的な計算を実現する研究が進められています。ここでは特に、量子化学計算に用いるVQEと呼ばれるアルゴリズムについて紹介します。

6.4.1 量子化学計算

量子コンピュータの代表的な応用先として期待されているのが、物質の量子的なふるまいをシミュレーションする量子化学計算の分野です。これは、もともとリチャード・ファインマン（Richard Feynman）が量子コンピュータを最初に提唱したときの動機でもあります。

量子力学に従う物質のふるまいを計算する量子化学計算を、古典コンピュータで行うためには、莫大な計算量が必要になります。例えば、車の素材や医薬品、バッテリーなど、世の中のあらゆる材料は、研究開発によって日々性能向上し続けています。車であれば、軽くて強い材料、医薬品であれば病気に有効で副作用の少ない材料、バッテリーであれば温度変化に強く長持ちする材料などが日々開発されています。そして、その開発には、材料のミクロな構造、つまりそれを構成する原子や分子のふるまいを正しく予測する必要があります。現在は、近似的なモデルを用いて古典コンピュータでシミュレーションをしたり、実際にたくさん実験をしたりして新材料を開発しています。しかし、原子や分子は量子力学によってそのふるまいを記述することができますので、材料を量子力学によって定式化しシミュレーションできれば、これまで以上に効率的に材料開発を行うことができます。

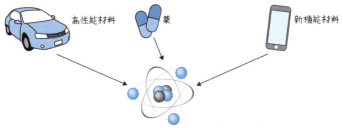

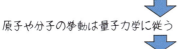

図6.9 量子化学計算

　一方、実際に材料を、量子力学を用いて定式化すると、とても複雑になります。なぜなら、材料はたくさんの原子や分子で構成されており、それらの原子同士、分子同士がそれぞれ多様な相互作用によってお互い影響を及ぼし合っているからです。量子力学に基づく定式化は行えますが、実際に古典コンピュータを用いてそのふるまいを計算しようとすると、莫大な計算時間がかかってしまうのが現状です。大型の国家プロジェクトによって、スーパーコンピュータ（スパコン）が開発されているのは、まさにそういった問題を解くためでもあります。

　そこで、量子コンピュータの出番です。そもそも量子コンピュータは量子力学に従って動いているのですから、「量子化学計算」を古典コンピュータよりも高速に計算できるのではないかと期待されているのです。そして実際、上述した互いに影響を及ぼし合う（相互作用する）たくさんの原子や分子を含んだ構造（量子多体系）のシミュレーションを行う方法（アルゴリズム）や実験技術が、活発に研究されています。

　量子化学計算は、現在非常に注目されています。その理由は、社会の役に立ち、小規模な量子コンピュータでも実現可能性が高いと考えられているからです。

6.4.2 VQE (Variational Quantum Eigensolver)

　VQEは、量子化学計算のための量子古典ハイブリッドアルゴリズムです。VQEは「変分量子固有値計算」と訳され、量子化学計算における分子等のエネルギー状態の計算ができます。VQEでは"試行波動関数"を古典コンピュータで計算し、その情報を量子ゲートで表して量子コンピュータに送り、量子コンピュータによる計算結果を再度古典コンピュータに戻して、その結果に基づき"試行波動関数"を更新していくといった処理を繰り返します。これにより、正しい波動関数を求めることができ、分子のエネルギー状態を高速かつ正確に求めることができると期待されています。

　VQEのようなNISQを使いこなす量子古典ハイブリッドアルゴリズムの開発は今後より重要となります。NISQが作られても、これを使った社会に有用なアルゴリズムがなければ、開発を継続することも難しくなり、万能量子コンピュータへの道も閉ざされてしまうかもしれません。そのため、社会の役に立つNISQアルゴリズムの発展が期待されています。

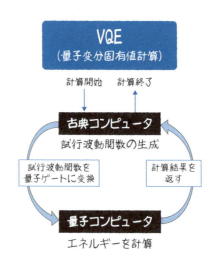

図6.10　VQE (Variational Quantum Eigensolver) の図

6.5 量子コンピュータを取り巻くシステム

　実践的な量子コンピュータができた場合、量子計算の威力を発揮し、使いやすくするために、アプリケーション（ここでは量子アプリケーションと呼びます）の開発が不可欠です。本節では、この量子アプリケーションを含む量子コンピュータのシステムの全体像について現在考えられている構成の一例を紹介します。

　図6.11に、量子コンピュータを取り巻く全体システムの概念図の一例を示しました。まずは、解きたい問題を考えます。ここでは、古典コンピュータで解くことが困難な非常に計算量の多い問題が選ばれます。例えば、古典コンピュータでは、例えスーパーコンピュータでも解くことが難しい量子化学計算に関する問題を解きたいとします。この問題を解くためにまずは、問題を定式化し、コンピュータで計算できる形にする必要があります。解きたい問題がボヤっとしていては、解くことができませんので、入力は何で、どんな計算をして、どんな答えを出力したいのか、を明確にします。これが問題の定式化です。量子化学計算では例えば、分子のエネルギー等を定式化するなどのことが対応します。

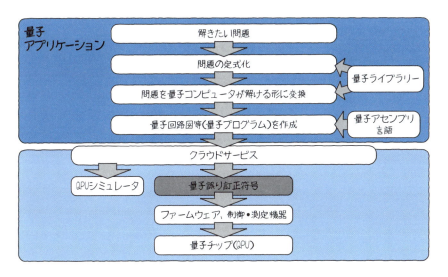

図6.11　問題の定式化

　次に、定式化した問題を量子コンピュータが解ける形に変形します。量子回路モデルでは、従来のコンピュータとは異なり、量子ビットと量子ゲートを使って計算を行

います。そのため、量子コンピュータで解ける形式に問題に変換する必要があります。量子コンピュータの仕組みを深く理解して、定式化された問題を、量子計算の枠組みでとらえ直すことが必要になります。この段階では、問題の定式化も含めて、さまざまなオープンソースライブラリーが開発されつつあります。これらのライブラリーを用いて、自分の解きたい問題を量子コンピュータが解ける形に変換します。例えば現在量子化学計算では、OpenFermionというオープンソースのライブラリーがあります。

　次に、量子コンピュータが解ける形に変換された問題から、量子回路図を作成します。これは量子プログラムと呼ばれることもあります。この段階では、量子回路図を記述する量子アセンブリ言語が、例えばIBMのOpenQASMやRigettiのQuilなどが開発されています。さらに、通常量子コンピュータは手元にないので、クラウド経由で実機にアクセスするとしましょう。ここで、量子誤り訂正符号を付加した量子回路図に変換します。量子誤り訂正符号とは、量子コンピュータの計算途中にノイズが発生した場合に、これによる誤りを訂正して計算を続けられるようにするために付加するものです。ただし、現在は量子誤り訂正を実機で実現できている段階ではないため、これは将来量子誤り訂正が実装された場合の話となります。

　そして、実際に量子コンピュータを動かすためには、量子チップ内の量子演算ユニット（Quantum Processing Unit: QPU）を制御します。たくさんの制御装置や測定装置を駆使してQPUを動作させ、所望の計算を行います。

　例えば、超伝導回路を用いた量子回路モデルの量子コンピュータの場合は、マイクロ波のパルスを超伝導回路で作られたQPU内の量子ビットに送って、量子ゲート操作を行う等の方法があります（図6.12）。計算の実行は、「量子ビットの初期化」、「量子ゲート操作」、「計算結果の読み出し」等の段階を踏んで行われます。上で作った計算プログラムである量子回路図は量子ゲート操作の方法を記述したものとなります。このゲート操作は、例えばマイクロ波パルス列に変換されます。ここで、どのタイミングでどんな形状のパルスをどの量子ビットに送り込むか、を決めることになります。QPUを動作させて、測定された計算結果から求めたい問題の答えを導き出して、計算終了となります。また、現在では研究段階であるQPUを誰もが使うのは難しいため、QPUシミュレータで代替することも多いです。これは古典コンピュータによってQPUを疑似的に表現したもので、高速計算にはならないのですが、QPUの動作検証や小規模な問題でアプリケーションを探索する際には重要になってきます。以上が量子コンピュータのシステムの一例です。実際の量子コンピュータのイメージが掴めたでしょうか？

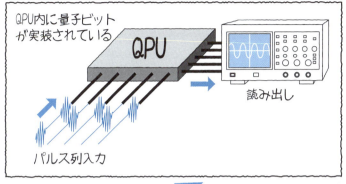

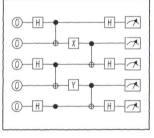

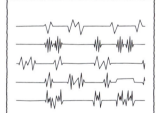

図6.12　量子コンピュータのシステムの一例

COLUMN

量子回路モデル以外の量子計算モデル

　万能量子計算のモデルは本書で扱った量子回路モデル以外にも複数あり、これらはすべて計算量的に等価（同じ計算能力）[注1]な計算モデルであることが知られています。また、量子アニーリングは、上記の量子計算モデルと等価でないため、特殊な例ですが、関連する計算モデルに「断熱量子計算」があり、これは上記の量子回路モデルなどと等価な万能量子計算のモデルです。ここで、それぞれの量子計算モデルについてその概要を紹介します。

・**量子チューリングマシン**
　デイヴィッド・ドイチュによって提唱された量子コンピュータの理論モデル。抽象的な仮想マシンとしてモデル化されており、物理的に実現するには以下のより実装に近いモデルが採用されている。古典コンピュータの計算モデルであるチューリングマシンの量子版である。

図6.13　量子チューリングマシンの概念図

・**量子回路モデル（量子ゲートモデル）**
　最も認知度の高い量子計算モデルであり本書で詳しく解説した。古典計算における論理ゲートに対応する量子ゲートを用いて計算を行う。超伝導回路等さまざまな物理系により実験が行われている。

・**測定型量子計算（テレポーテーション型量子計算）**
　測定を積極的に用いることで計算を行う計算モデル。最初に多数の量子ビットによる大規模な量子もつれ状態（エンタングルメント、クラスター状態）を用意しておき、量子ビットの測定を順次行うことで計算を行う一方向量子計算等の方法がある。この方法では測定の仕方によってどんな計算が行われるかが決まる。光を用いた量子計算実験が行われている。

注1　ここで同じ計算能力とは、正確には多項式時間で変換可能という意味です。そのため、具体的な計算時間、エラー耐性などには大きな差がある場合もあります。

・トポロジカル量子計算

「組み紐」と呼ばれる数学の理論がある。これは、垂れ下がる複数の紐の編み方に関する理論であり、これを用いて量子計算をモデル化することができる。エニオンと呼ばれる量子的な特殊な粒子の軌跡を紐に対応させることで量子コンピュータを実現することができ、この方法はノイズに強いと考えられている。Microsoftはトポロジカル超伝導体によるこの方式の量子コンピュータの実現を目指して研究を行っている。

・断熱量子計算

物理学の定理の1つに「断熱定理」と呼ばれるものがある。最初に基底状態にある量子状態において、ハミルトニアンをゆっくり変化（断熱変化）させると、量子状態はハミルトニアンの基底状態を取り続けながら状態が遷移していくという定理である。この量子力学の一般的な定理を用いて量子計算を行うのが断熱量子計算であり、エドワード・ファーヒらにより2001年に提案された。1999年に西森らにより提案された量子アニーリングと深い関係性がある。

第 7 章

量子アニーリング

量子アニーリングは、組合せ最適化問題と呼ばれる問題に特化した手法であり、専用機である非古典コンピュータ「量子アニーラー」を用いて問題を解きます。また、量子アニーリングを実行するために、問題をイジングモデルと呼ばれるモデルに変換（マッピング）する必要があります。この章では、イジングモデルから、組合せ最適化問題の基本、シミュレーテッドアニーリング、量子アニーリングと順を追って説明し、量子アニーリングによる高速化の仕組みを紐解きます。

7.1 イジングモデル

イジングモデルとは、物理学の1分野である統計力学で用いられる量子系の単純な
モデルです。まずはこのイジングモデルについて説明します。

7.1.1 スピンと量子ビット

量子アニーリングは、主流である量子回路モデルに対して、いわば亜流であり、研
究の歴史も量子回路モデルに比べると未だ短く、現在理論研究と実験が同時に行われ
ています。この量子アニーリングは**統計力学**と呼ばれる物理学と密接に関係していま
す。統計力学とは、多数の粒子のふるまいを統計的に扱い、ミクロ（微視的）な物理
法則からマクロ（巨視的）な性質を導く学問です。そこでは、例えば原子がたくさん
集まってできたガスや固体の性質を、単純化したモデルを用いて説明する理論の構築
などが行われています。温度や圧力を物質にかけるとその物質はどうなるのか、磁場
をかけるとどうなるのか、といった性質を理論的に探る学問です。

その中で、磁石の性質を持つ物質（磁性体）の性質を説明するためのモデルとして、
イジングモデル（イジング模型）と呼ばれるモデルがあります。このモデルは、格子
状に小さな磁石が配置されているだけの非常にシンプルなモデルです。この小さな磁
石は、量子力学的な性質を持っており、**スピン**と呼ばれます。イジングモデルは、磁
性体を量子的な小さな磁石スピンの集まりとしてモデル化しているのです。このスピ
ンは、上か下かを向くことができます。上下は小さな磁石のN極の方向と考えてもよ
いです。

スピンはさらに、量子的な性質を持っているため、上を向いた状態と下を向いた状
態の重ね合わせ状態になっています。このスピンの「上向き」と「下向き」の2つの
状態を$|0\rangle$と$|1\rangle$に対応させれば、量子ビットと同様に扱うことができます。つまり、
イジングモデルのスピンは、量子ビットそのものということになります（図7.1）。

122

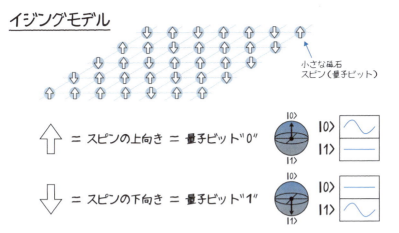

図7.1　イジングモデル

7.1.2　イジングモデルにおける相互作用

イジングモデルでは、格子状に並んだ各スピン同士が影響を及ぼし合うという効果を考えます。例えば、2次元のイジングモデル（図7.1）では、碁盤の目状にスピンが並んでいる状況で、1つのスピンは隣接する4つのスピンと結合しています。そしてこれらのスピンと互いに影響を及ぼし合うのです。これを**相互作用**と呼びます。相互作用は1つの結合につき1つ設定されており、正負の数（実数）によって定められます。

例えば、相互作用が正の値の場合、この相互作用を持つ結合で結ばれた2つのスピンは、同じ方向を向きたがります。相手が上なら自分も上を、相手が下なら自分も下を向きたがるのです。そうなることで安定な状態となります。逆に、相手が上なのに自分が下を向いている状態では不安定な状態ということになり、時を見計らって「くるっ」と上を向き安定になりたがるのです。また、相互作用が負の値の場合は、同じ向きだと不安定であり、反対向きになろうとします。

相互作用が正の場合は**強磁性**、負の場合は**反強磁性**とも呼ばれます。また、最も安定な状態を**基底状態**と呼びます。イジングモデルのスピンは、放っておくと自然に安定状態へ移行したがります。つまり基底状態になりたがるという性質を持っているのです（図7.2）。

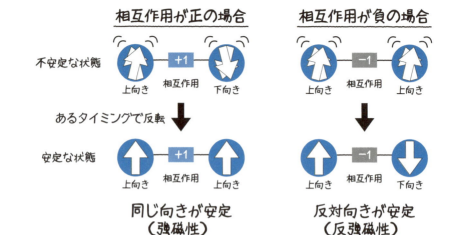

図7.2 イジングモデルにおける相互作用

7.1.3 不安定な状態、フラストレーション

　図7.2では、2つだけのスピンを取り出して説明していますが、実際の2次元イジングモデルでは、上下左右の4つのスピンと結合している場合があります。ここで、4つだけのスピンを取り出して考えてみましょう。4つのスピンが図7.3のように結合されている場合、2つの相互作用が正で、残る2つの相互作用が負の場合は、上向きと下向きが2つずつになることで、すべてのスピンが安定な状態となることができます。一方、例えば3つの相互作用が正で1つが負の場合には、すべてのスピンが安定な状態になることがどうしてもできません。どの組み合わせでも、かならず不安定なスピンが出てきてしまいます。

　このように、どのスピンの組み合わせでも不安定なスピンが出てきてしまう場合、「フラストレーションがある」と言います。フラストレーションとは「欲求不満」などと訳すことができ、安定な状態になりたいのになれない欲求不満な状態のスピンが存在している状態を表しています。

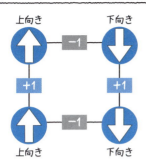 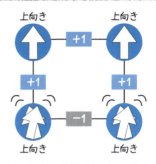

図7.3　フラストレーション

7.1.4　イジングモデルのエネルギー

　イジングモデル内のスピンがどのくらい安定しているかを定量的に示す指標について考えてみましょう。これを**エネルギー**によって表します。不安定の状態は、エネルギーが高い状態であり、安定な状態はエネルギーが低い状態にそれぞれ対応します。ここで、すべてのスピンのエネルギーの総和をそのイジングモデルの**全体のエネルギー**と定義します。不安定な状態のスピンがたくさんあるほど、全体のエネルギーは上昇します。また、安定なスピンがたくさんある場合、エネルギーは小さい値となり、全体のエネルギーが最も低い状態を**基底状態**と呼びます。フラストレーションがないイジングモデルの基底状態では、すべてのスピンが安定している状態になります。一方、フラストレーションがある場合は、どうしても不安定なスピンが残ってしまいます。この場合も、全体のエネルギーが最も小さくなるようなスピンの組み合わせが基底状態となります。

　また、この全体のエネルギーは温度と関係しています。磁性体の温度を上昇させると、エネルギーを高くすることができます。これは、各スピンが熱運動によってランダムに向きを変え、不安定な状態となるからです。また、温度を下げることによって安定な状態を作り出すことができます。このことは、後述するシミュレーテッドアニーリングと関係しています。

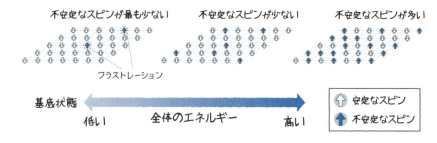

図7.4 イジングモデルの全体のエネルギー

7.1.5 イジングモデルの基底状態を見つける問題

　ある相互作用の組が設定された場合に、その相互作用のもとで最もエネルギー（すべてのスピンのエネルギーの総和）が低くなるスピンの組み合わせ、つまり「基底状態のスピンの組み合わせを知りたい」という問題設定を考えます。つまり、その相互作用の組が与えられたとき、最も安定した状態のスピンの組み合わせを見つけるという問題です（図7.5）。このような問題は一般には非常に難しく、古典コンピュータでも基底状態を求めるためには、莫大な計算が必要であることが知られています。計算クラスとしてはある条件を満たしたときNP完全問題となります。

　さて、ここで2つの疑問が沸いてきます。このような問題を解くことにどんな意味があるのか？ そして、このような問題は量子コンピュータによって高速に解くことができるのか？ 次の節でこれらの疑問に答えましょう。

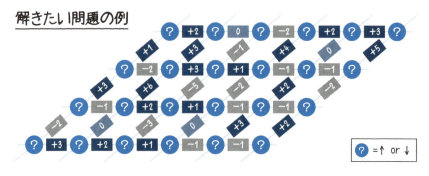

図7.5 解きたい問題の例

7.2 組合せ最適化問題と量子アニーリング

ここまで、イジングモデルについて説明しました。ここで、イジングモデルがどのように役に立つのかを見ていきます。

7.2.1 組合せ最適化問題とは？

上記のイジングモデルの基底状態を求める問題は、実は「組合せ最適化問題」と呼ばれる問題の1つとなっています。組合せ最適化問題とは、『さまざまな制約の下で数ある可能な選択肢の中から何らかの観点で最適な選択を決定すること』[*1]です。例えば、以下のような問題があります。

店舗シフト最適化………店舗スタッフのシフトを各スタッフの要望に最大限応えて作成する問題
作業スケジューリング…多様な作業工程を複数人で行う際の最適なスケジュールを求める問題
物流経路の最適化………コストや移動距離等が少なくなるようにさまざまな制約条件のもとで最適な経路を見つける問題
渋滞の緩和………………渋滞を緩和するために交通量を最適化する問題
クラスタリング…………機械学習で用いられるさまざまなデータを、そのデータの持つ特徴の類似度等で分類する問題

どれも身近な問題と直結していることがわかります。これらの問題は、うまく定式化すると組合せ最適化問題として扱うことができます。

図7.6 組合せ最適化問題の例

*1 穴井宏和, 斉藤努. 今日から使える！組合せ最適化：離散問題ガイドブック. 講談社, 2015, p.4の図1を参照

このような問題の一般的なアプローチは、図7.6に示すようにそれぞれの解きたい問題を数式により表現し「数理モデル」を作成します。そして、計算機（ソルバー）を用いてこの数理モデルの解を求めます。これが、組合せ最適化問題の一般的な取り扱い方になります。

7.2.2 組合せ最適化としてのイジングモデル

イジングモデルの基底状態を求めることが、世の中の問題を解くのに何の役に立つのか？という疑問に対して答えるときが来ました。実は、上記のような組合せ最適化問題に分類される世の中の問題の多くは、イジングモデルの基底状態を求める問題として表現できるのです（ある問題をイジングモデルにマッピング（変換）するのに多くの計算時間を要する場合もあります）。そこで、イジングモデルの基底状態を高速に求めることのできるコンピュータがあれば、上記の問題を高速に解決することができるようになり、世の中の多くの問題を解決できる可能性があります。量子アニーリングでは後述する従来手法であるシミュレーテッドアニーリングより高速に求められると期待されています。（図7.7）。

図7.7　組合せ最適化問題の新たな計算手法

7.2.3 組合せ最適化問題の枠組み

ここで、一般的な組合せ最適化問題の解き方について説明しましょう。世の中のさまざまな問題を、数式を用いて記述し解決する方法は**数理最適化**と呼ばれます。数理最適化では、問題を「目的関数」、「決定変数」、「制約条件」の3つの関係式によって表すことで定式化を行います。ここで、目的関数は、コストや作業時間などの最小化（または最大化）したいものを表した関数、決定変数は目的関数内で用いられる変数、制約条件は決定変数が満たすべき条件式のことです。制約条件を満たしながら目的関数が最小（または最大）になるような決定変数の組み合わせを求めるのが、数理最適化ということになります。

イジングモデルの基底状態を求める問題に対して、定式化を行うと、目的関数は全体のエネルギーに、決定変数はスピンの組み合わせに、制約条件は相互作用（と局所磁場[*2]）にそれぞれ対応します（図7.8）。

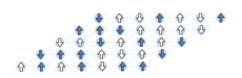

図7.8　イジングモデルの場合

　数理最適化には、決定変数によって**連続最適化**（決定変数が連続値）と**組合せ最適化**（決定変数が離散値）に分けられます。ここでは組合せ最適化に注目します。組合せ最適化に属する問題はさまざまありますが、似た問題をまとめて代表的な「標準問題」に分類することができます。標準問題は、例えばネットワークに関する問題、スケジューリングに関する問題、など、一般に重要な問題をグループ化しています。通常、解きたい組合せ最適化問題を標準問題のどれと近いかを考え、その近い標準問題の定式化方法やよく用いられる解き方を参考に解き方を考えていきます。それぞれの標準問題の解き方は、従来から長きにわたり研究されており、使われる解法・アルゴリズムの定石があります（図7.9）[*3]。

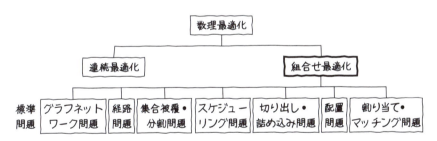

図7.9　アルゴリズムの定石

7.2.4　組合せ最適化問題の解き方

　上記の標準問題の解き方というのは、これまでに長い研究の歴史があります。厳密な最適解を得るための汎用アルゴリズム（厳密解法）、近似的な解を得るための汎用アルゴリズム（近似解法）、そしてそれぞれの問題に特化した効率的な専用アルゴリ

[*2]　局所磁場：実際には、スピン間の相互作用だけでなく各スピンに対する局所的な磁場も制約条件として用います。
[*3]　穴井宏和, 斉藤努. 今日から使える！組合せ最適化：離散問題ガイドブック. 講談社, 2015, p.41の図2.2を参照

ズムがあり、それぞれの問題や状況に応じて使い分けられています。その中で近似解法は、現実的な計算時間で厳密な最適解ではないかもしれないが最善の近似解を得ることのできるアルゴリズムです。組合せ最適化問題の解き方はこの近似解法にもさまざまありますが、そのうちの1つに**メタヒューリスティックス**と呼ばれる分類があり、さらにその中に**シミュレーテッドアニーリング**と呼ばれる手法があります。

　メタヒューリスティックスには、遺伝的アルゴリズムなどの生物のメカニズムを模倣した近似解法があり、単純な計算では高精度な解を得ることができないような難しい問題に対しても、高精度な解を得ることができる場合があります。シミュレーテッドアニーリングも近似解法の一種で、液体の鉄が固体になる過程（焼きなまし＝アニーリング）を模倣して問題を解く方法であり、広く用いられているメタヒューリスティックスのうちの1つです（図7.10）。シミュレーテッドアニーリングは、古典コンピュータを用いる近似解法ですが、この量子版として量子アニーリングがあります。これらの方法は、上記のイジングモデルの基底状態を求める問題に対しても用いることができます。

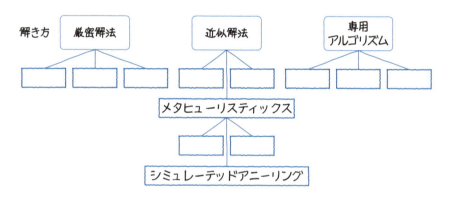

図7.10　組合せ最適化問題の解き方の分類

7.3 シミュレーテッドアニーリング

量子アニーリングの前段階として、組合せ最適化問題を解くためにすでに広く使われているシミュレーテッドアニーリングについて説明します。シミュレーテッドアニーリングは、古典コンピュータで実装するアルゴリズムであり、普通のパソコンで計算することができます。また、量子アニーリングによる高速化のカギとなるエネルギーランドスケープという概念について説明します。

7.3.1 イジングモデルの基底状態の探索

イジングモデルの基底状態を求める問題に対しては、効率的な厳密解法や有効な専用アルゴリズムは知られておらず、近似解法によって解くことになります。特に、シミュレーテッドアニーリングは広く用いられる方法です。

まず、イジングモデルをコンピュータ上で実現します。これにより計算によって、イジングモデル全体のエネルギーを計算することができます。このエネルギーが低ければ低いほど基底状態、つまり求めたい答えに近いのでした。まずは上下ランダムなスピンの組み合わせを初期状態として用意し、全体のエネルギーを計算してみます。エネルギーは、あらかじめ設定されている相互作用の値と各スピンの向いている方向から計算することができます（図7.11）。

そして、イジングモデルのスピン1つをランダムに選んで反転してみます。反転した後に再度全体のエネルギーを計算し直し、反転する前と後でどちらのエネルギーが低いかを見ます。反転後の方が、エネルギーが低くなる場合は反転したままにして、反転前の方が、エネルギーが低かった場合はもとに戻します。これを繰り返していくと、いつかは一番エネルギーの低い状態にたどり着き、基底状態のスピンの組み合わせが求まるのではないか、と思います。しかし、実際にはそううまくいきません。**局所最適解（ローカルミニマム）** と呼ばれる近似解に陥ってしまうのです。

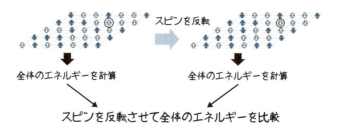

図7.11　全体のエネルギーを計算

7.3.2　エネルギーランドスケープ

　ここで、**エネルギーランドスケープ**と呼ばれる考え方を紹介します。エネルギーランドスケープとは、この問題の場合、横軸にイジングモデルにおけるスピンの組み合わせをとり、縦軸に全体のエネルギーをとったグラフです。スピンの組み合わせ一つひとつにつき、全体のエネルギーが計算できるため、エネルギーランドスケープを描くには、すべてのスピンの組み合わせについて全体のエネルギーを計算する必要があります。N個のスピンの組み合わせは、2^N個あるので、Nが大きくなってくるととてもすべての組み合わせについてエネルギーを計算することはできなくなり、エネルギーランドスケープ全体を描くことは難しくなります。しかし、問題の構造を直感的に理解しやすくするため、このような図を用いて説明します。

　エネルギーランドスケープの最も低い位置が基底状態となります。シミュレーテッドアニーリングでは、スピンを一つひとつ反転していくので、それはエネルギーランドスケープ上の横方向に微小区間ずつずれていくことに対応します。現在の位置から少しずれてみて、その点での全体のエネルギー（つまり高さ）を求めて、先ほどいた場所よりも高いか低いかを見ます。高ければ山を登ることになるため、進まない方がよく、低ければ下ることになるので、基底状態に近づく可能性があります。このようにしてスピンを1つずつ反転させながらエネルギーランドスケープをたどって、最も**低い場所（基底状態）**まで到達することができれば問題クリア（つまり、基底状態のスピンの組合せを見つけたこと）となります。

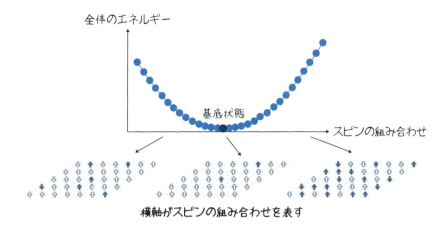

図7.12 エネルギーランドスケープ

7.3.3 最急降下法とローカルミニマム

　下図のように、エネルギーランドスケープが単純な構造をした問題であれば、下へ下へとたどっていくだけで基底状態に到達できるので、エネルギーが小さくなるときだけスピンを反転させることで問題を解くことができます。このような方法は**最急降下法**と呼ばれます。しかし、エネルギーランドスケープが複雑な構造をしている場合はそうはいきません。局所最適解（ローカルミニマム）につかまってしまうのです。

　ローカルミニマムとは、最急降下法のような単純な方法により組合せ最適化問題を解いた場合に陥る解で、上記のアルゴリズムが収束し、どのスピンを反転させてもこれ以下のエネルギーにはならない場合のスピンの組み合わせのことです。この状態では、どれか1つのスピンを反転させてもエネルギーが低くならないのですが、もし仮に2つ同時に反転させるとより低いエネルギーとなる可能性はあります。エネルギーランドスケープの谷に位置しているため、これ以上どちらの方向にずれてもエネルギーが下がらないのです。

　このように、1つずつ逐次的に反転させていた場合に最適解だと思っていても、実はもっと良い解が別にある可能性はしばしばあります。探している視野が狭くて本当の答えに行きつかず偽の答えに甘んじている状態のことです。私たちは、よりエネルギーの低い大域最適解（グローバルミニマム）である基底状態を探さなければなりません。

　問題を解こうとしている段階で、エネルギーランドスケープの全体の構造を知るこ

とはできないので、複雑な構造なのか、単純な構造なのかは事前にわからないため、現在の解がローカルミニマムに陥ったのかグローバルミニマムなのか判断するのは難しいです（図7.13）。そのため、ローカルミニマムに陥りにくい手法が必要となります。

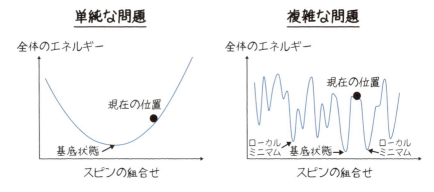

図7.13　エネルギーランドスケープの全体の構造を知ることはできない

7.3.4　シミュレーテッドアニーリング

　上記のように、ローカルミニマムに陥るという課題を解決するために開発されたのがシミュレーテッドアニーリングです。シミュレーテッドアニーリングでは、スピンの反転後エネルギーが低くならず、反転前の方がエネルギーが低くなる場合にも、ある確率で反転を「受理」するという、あまのじゃくなことを時々やってのけます。これにより、ローカルミニマムに陥ってもそこから抜け出すことができるようになります。谷を降りるだけでなく、山を登ることができるようになるのです。

　また、「エネルギーが高くなるスピンの反転を受理する確率」を、最初は高く設定し、だんだん低くしていきます。つまり、最初はエネルギーが低くならなくても積極的にスピンを反転させて状態を変化させていき、次第にエネルギーが低くなるスピンの反転のみを受理するようにします。これにより、高い確率でグローバルミニマム、またはそれに近いローカルミニマム（精度の良い近似解）に行きつくことが知られています。ここで、「エネルギーが高くなる反転を受理する確率」は温度が高い状態に対応しています。そのため、シミュレーテッドアニーリングでは、徐々に温度を下げていくアルゴリズムともいえます。金属の温度を徐々に下げて結晶を成長させその欠陥を減らす作業である焼きなまし法（＝アニーリング）を模しているためこの名が付いています。

シミュレーテッドアニーリングは、シンプルなアルゴリズムであり、さまざまな問題に応用できるため、広く用いられている最適化問題の解法です。しかし、スピン一つひとつを順番に反転させて、その都度エネルギー計算を行う必要があるため、規模の大きい問題や複雑な問題では莫大な計算量となってしまいます。

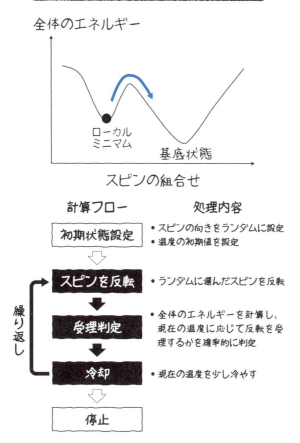

図7.14　シミュレーテッドアニーリング

　図7.14にシミュレーテッドアニーリングのイメージと計算のフローチャートを示します。スピンの反転と受理判定、冷却を繰り返し行うことで、アニーリングを行っていきます。シンプルなアルゴリズムで広くいろいろな問題に適用できるため、広い分野で用いられています。

7.4 量子アニーリング

さて、量子アニーリングとはいったいなんでしょうか？ いままでに説明した知識を用いることでその仕組みを理解することができるようになります。

7.4.1 量子アニーリングの位置付け

量子アニーリングは、イジングモデルの基底状態（またはそれに近い近似解）を高速に求めることができると期待されている計算手法で、量子性を利用して計算の高速化を目指します。そのため、量子アニーリングを実行するためには、量子性を扱うことのできるハードウェアが必要となります。量子アニーリングを実行するために、作られたマシンを**量子アニーラー**と呼びます。

量子回路モデルが万能量子計算と呼ばれて汎用性が高いのに対して、量子アニーリングは、組合せ最適化問題等に特化した専用機という位置付けです。ここで注意すべき点は、D-Wave Systemsの量子アニーラーは、古典計算に対する優位な高速性の証拠はなく研究段階であるという点です。つまり、第1.1.5項の非古典コンピュータの分類となります。高速計算が本当に可能なのか、どう改良すれば「量子計算」と呼べる計算が実現できるのか、理論・実験の両面で研究が行われています。

図7.15　D-Wave Systemsの量子アニーラー

7.4.2 量子アニーリングの計算方法1：初期化

　量子アニーリングの基本的な動作を説明しましょう。対象となる組合せ最適化問題は、さまざまな組合せの中から最良の組合せを1つ求めることが目的です。量子アニーリングでは、この解候補となる組合せ一つひとつを量子ビットの状態として表しておきます。つまり、"000000…0"から"111111…1"のうち1つが求めたい最良の解となっています。量子アニーラーには、量子ビットが多数実現されています。まずは、すべての量子ビットを"0"と"1"の均等な重ね合わせ状態にします。これが量子アニーリングにおける初期化です。量子回路モデルで述べたHゲートにすべての量子ビットを通す操作と同様の操作をすることでこの状態を実現します。この操作は、量子アニーリングでは「横磁場」をかける、または「量子揺らぎ」を印加(＝与える)すると呼ばれます。これにより、量子ビットを"000000…0"から"111111…1"までのすべての状態の重ね合わせ状態を実現し、すべての解候補が同時に実現されます。

　シミュレーテッドアニーリングでは、ランダムにある1つの状態を用意してそこから探索を行っていきました。これはすべての解候補の状態が選ばれる可能性があるのですが、選ばれる状態はただ一つであり、最初に選ばれた状態によって正しい解が得られる確率（解の精度）も変化します。一方、量子アニーリングでは、量子的にすべての解候補の状態が実現されており、シミュレーテッドアニーリングの場合とは異なります。そのため、最初に選ばれた状態によって解の精度が変化するといったこともありません。

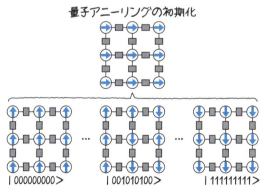

図7.16　量子アニーリングの初期化

7.4.3 量子アニーリングの計算方法2：アニーリング操作

　初期化が完了したら、実現された解候補すべての重ね合わせ状態から解を探索していきます。解の探索は、量子揺らぎを弱めることで実現されます。量子揺らぎを弱める一方、イジングモデルの相互作用の強さを強めていきます。これにより、だんだん相互作用の影響が出てきて、量子ビットの状態は、相互作用の影響でより全体として安定になるように"0"か"1"の状態に決まっていきます。このプロセスが量子アニーリングにおける計算で、**アニーリング（焼きなまし）操作**と呼ばれます。

　解きたい問題は、イジングモデルの基底状態を求める問題に変換されており、相互作用の値にマッピングされています。最終的に量子揺らぎを十分弱くすると、量子ビットたちは古典的なビット、つまり0か1かが決定された状態になります。量子回路モデルにおける測定した後と同様の状態になっているともいえます。そうしてできた量子ビットの最終状態の組合せが、量子アニーリングにおける計算結果に対応します（図7.17）。この最終状態の組合せは、十分に長い時間アニーリング操作を行うことで基底状態に行きつくことが示されています。ただし、長い時間をかけていては計算時間がかかりすぎるため、ある程度の速さでアニーリング操作を行います。これでも、基底状態（厳密解）に近い近似解に行きつくことが実験的に示されつつあります。

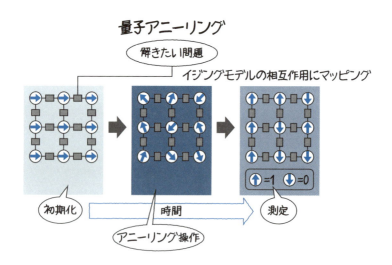

図7.17　量子アニーリングの計算

7.4.4 エネルギーの壁をすり抜ける

　量子アニーリングが古典計算よりも高速かどうかは、量子アニーリングの存在意義にかかわる重要な問題ですがはっきりしていないのが現状です。古典計算の中でも、同じアニーリングを用いるシミュレーテッドアニーリングや、量子アニーリングを古典コンピュータでシミュレートする手法の1つである量子モンテカルロ法との比較は活発に研究されています。

　シミュレーテッドアニーリングとの対比の説明では、直感的にわかりやすい説明がされるため、ここでそれを紹介しましょう。これは、量子アニーリングが、エネルギーランドスケープ上で、エネルギーの壁を量子トンネル効果によりすり抜けることでローカルミニマムを抜け出すことができる、といった説明です。

　シミュレーテッドアニーリングでは、ローカルミニマムに落ち込んだ場合に、そこから抜け出してグローバルミニマムに向かうためには、エネルギーの壁を登らなければならず、そのために熱揺らぎを利用します。具体的には、前述のようにある確率でエネルギーが高くなる方向のスピンのフリップを受容することで実現されます。シミュレーテッドアニーリングでは、このようなエネルギーが高くなる方向のスピンフリップの受容確率は、計算を進めていけばいくほど低下していきます。そのため、計算の後半にローカルミニマムに落ち込んだ場合に高い壁を抜け出すことは難しくなっていきます。

　一方、量子アニーリングでは、ローカルミニマムに落ち込んだ場合、そこから抜け出すために、量子トンネル効果によるすり抜けが可能であると説明されます。これは、エネルギーの壁が薄い場合に可能であり、これによりグローバルミニマムにいくことができます。これは、量子アニーリングが古典計算よりも高速に問題を解けるのではないかと期待されている理由の1つです。この説が正しい場合、エネルギーの壁が高くて薄い場合、量子アニーリングの有用性があることになり、このようなエネルギーランドスケープが実現される問題に適した方法ということになります。

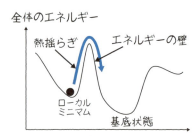
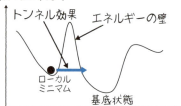

図7.18　エネルギーの壁をすり抜ける

7.4.5 量子アニーリングは1億倍高速か?

　2015年に量子アニーリングの話題の火付け役となったGoogleの論文[*4]では、シングルコアの古典コンピュータで走らせたシミュレーテッドアニーリングに対して、D-Wave Systemsの量子アニーラ（D-Waveマシン）は、ある特殊な組合せ最適化問題において『1億倍高速に解が得られた』と発表しました。この論文の内容はまさに量子アニーリングにおける量子トンネル効果を実証する趣旨の論文でした（図7.19）。

　この論文では、量子トンネル効果が起こりやすいであろう問題設定、つまりエネルギーランドスケープに高くて薄い壁がたくさんあるような問題をわざと設定して、比較を行っています。この問題設定において、シミュレーテッドアニーリングでは、壁が高いためにローカルミニマムから抜け出すことは困難ですが、壁が薄いために量子アニーリングではトンネル効果によってローカルミニマムを抜け出し、グローバルミニマムに近づくことができるのではないか、という期待を持って実験が行われました。そして、量子アニーリングの方がシミュレーテッドアニーリングに対して、最大で1億倍高速に解を得ることができたということを実験的に示したのがこの論文の内容でした。

　そのため、1億倍高速なのは、この量子アニーリングの性能を発揮できるように作られた特殊な問題に対してであり、実用上有用な問題というわけではありません。当時は量子アニーリングがシミュレーテッドアニーリングよりも有利となるような問題が存在するのかどうかさえ実験的には検証されていませんでした。そのため実験的に示したこの発表によって量子アニーリングは社会的に認知されるようになりました。

[*4] Denchev, Vasil S et al. "What is the computational value of finite-range tunneling?". Physical Review X 6.3, 2016（031015）.

1億倍の高速化を示した論文で使われた問題のイメージ

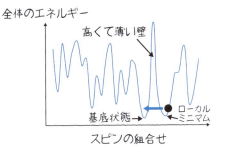

図7.19　1億倍の高速化を示した論文で使われた問題のイメージ

7.4.6　量子アニーラーの実際

　第7.4.4項までは、量子アニーリングの理論について説明しました。つまり、理想的な量子アニーラーが実現した場合の話です。実際の量子アニーラーがどこまでこの理論に近づいているのかは、量子アニーリングが現状どのくらいの性能を有しているかを知るうえで重要です。

　量子アニーラーを開発しているのは、D-Wave Systemsだけではありません。アメリカの国家プロジェクト（IARPA）やGoogleの独自開発、日本では産業技術総合研究所（産総研）やNECが開発を行ってることを表明しています。

　実際に量子アニーラーを開発するためには、さまざまな制約が出てきます。特にD-Waveマシンに指摘されている課題を列挙しましょう。

(1) コヒーレンス時間がアニーリング時間に比べて短い

　D-Waveマシンに用いられる量子ビットは、集積化が比較的容易な磁束量子ビットと呼ばれる方式が採用されています。この方式は、現状コヒーレンス時間が短いことが課題となります。ただし、量子アニーラーでは例え計算時間よりも短いコヒーレンス時間であったとしても、それなりの近似解を出力できるという報告もあり、このあたりのことは現在研究段階にあります。

(2) 実ビジネスに適応するには量子ビット集積度が低すぎる

　D-Waveマシンは、現状2000量子ビット、次世代機は5000量子ビット程度になると言われていますが、それでも実ビジネスに適用するのはまだまだ量子ビット数が少

なく、大規模な問題を解くためには、解くべき問題を小さく分割してD-Waveマシンに投入する必要があります。さらなる量子ビットの集積化が今後の実ビジネスにとって重要となりますが、量子ビット数が増加することによるノイズ耐性の低下等が課題として考えられます。

(3) 有限温度の効果で基底状態からの熱励起が生じる

D-Waveマシンは、超伝導回路によって実現されているため、計算を行う量子チップは極低温に冷却されている必要があります。しかし、実際には若干の熱が残っており、これがエラーの発生原因となっています。また、量子ビット数が増加するとますます必要な冷却力も増加するため、冷却技術の開発か、または熱ノイズに対するエラー訂正方法、ノイズに強いアニーリングアルゴリズムの開発等が課題となります。

(4) 相互作用が限定的

量子ビットの結合が密なほど、計算可能な問題の自由度が広がります。現状のD-Waveマシン（D-Wave 2000Q）ではキメラグラフと呼ばれる疎な結合となっています。そのため、解きたい問題をこのハードウェアに埋め込むために変換が必要となります。結合の数が増えることでより大規模な問題を扱えるようになる一方、ノイズ耐性とのトレードオフも課題として考えられています。

これらの課題を解決することで量子アニーラーはより理想的な量子アニーリングを実現することができると考えられます（図7.20）。ただし、理論上も本当に古典コンピュータを上回る性能を発揮できるのかはわかりません。実機の開発に加えて、理論面の強化に取り組まれています。

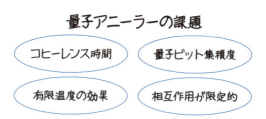

図7.20　量子アニーラーの課題

COLUMN
量子アニーラー以外のアニーラー

量子アニーラー以外にも、ほかの方式のアニーラーの開発が行われています。これらについて紹介します。

・コヒーレントイジングマシン

コヒーレントイジングマシンは、内閣府の主導するプロジェクトImPACT内で開発されたマシンです。これは、光を用いたアニーラーと考えることができ、室温動作、全結合が特徴です。光ファイバーループ内をぐるぐると回る光パルスの一つひとつがスピンを表し、相互作用を測定器とFPGA（Field-Programmable Gate Array）、フィードバックパルスにより実現しています（図7.21）。

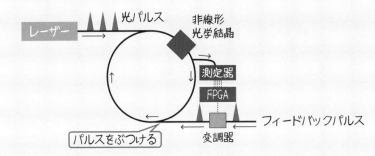

図7.21　コヒーレントイジングマシン

・非ノイマン型古典アニーラー

非ノイマン型古典コンピュータによるシミュレーテッドアニーリングの実装が行われています。例えば日立製作所では、CMOSアニーリングマシンと呼ぶ古典アニーラーを開発しています。また富士通ではデジタルアニーラと呼ぶ古典アニーラーを開発しています。ともに、CMOS技術を用いてアニーラー専用機を設計しており、シミュレーテッドアニーリングを高速に計算することができます。一方、東芝では、GPUを用いてシミュレーテッド分岐アルゴリズムと呼ばれる独自のアルゴリズムにより組合せ最適化問題を高速に解く研究が行われています。

参考
組合せ最適化問題に向けた CMOS アニーリングマシン
https://www.jstage.jst.go.jp/article/essfr/11/3/11_164/_pdf/-char/ja
デジタルアニーラご紹介資料
https://www.fujitsu.com/jp/documents/digitalannealer/services/da-shoukai.pdf
世界最速・最大規模の組合せ最適化を可能にする画期的なアルゴリズムの開発について
https://www.toshiba.co.jp/rdc/detail/1904_01.htm

144

第 8 章

量子ビットの作り方

量子コンピュータのハードウェアは、量子力学的な性質（量子性）を保ち、制御しやすい物理現象を用いて、量子ビットを物理的に実装し、さらに量子ビットの状態を、量子性を壊さないように制御する必要があります。古典コンピュータの CPU の場合は、現在では半導体による「トランジスタ」一択ですが、コンピュータの黎明期には「リレー」や「真空管」、「パラメトロン」等の素子を用いた計算機が作られていました。現在は量子コンピュータのまさに黎明期であり、量子コンピュータのハードウェアを作る方式もさまざまな方法が研究、開発されています。本章では、現在研究されている代表的な 6 方式を紹介します。

8.1 量子コンピュータの性能指標

まずは量子コンピュータの性能指標を見ていきましょう。現在どの程度の性能（スペック）の量子コンピュータが実現されているのでしょうか。古典コンピュータのスペックは、メモリの容量やCPUのコア数、クロック周波数等が指標になります。一方量子コンピュータのスペックは以下のものが用いられます。

- 量子ビット数
- 量子ビットのコヒーレンス時間
- 量子的な操作にかかる時間
- 量子的な操作、測定操作時のエラー率
- 量子ビットの結合数

最もわかりやすいものは、物理的に実装された量子ビット数でしょう。量子ビットの数が多い方が大規模な計算ができるからです。しかし、量子ビット数が多いだけでは高性能とは言えません。量子ビットが量子性を有している時間であるコヒーレンス時間（量子ビットの寿命）が、量子的な操作にかかる時間に対して十分長い必要があります。そして、量子ビットを操作する際のエラー率が十分に低い必要があります。量子コンピュータの比較では、こういった複数の性能指標を理解することが重要です。以下では、量子コンピュータのハードウェアの最も重要な部分である量子ビットの実現方法について紹介します。

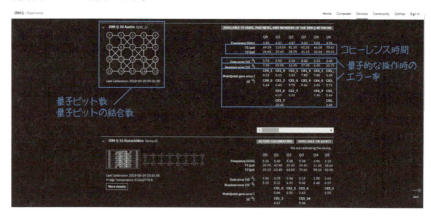

図8.1　IBM-Qのスペックを示すサイト（https://quantum-computing.ibm.com）

8.2 量子ビットの実現方式

　実際にはどうやって量子ビットを実現するのでしょうか？　古典コンピュータは、電子回路で動いていることはみなさんもご存知かと思います。シリコンでできた半導体によって、トランジスタという小さなスイッチの働きをする素子を作り、これと金属の配線を組み合わせて、論理ゲートを実現します。そして、これを集積することで古典コンピュータができています。一方、量子コンピュータは、なかなか簡単に作ることができません。なぜなら、量子ビットと量子的な操作を行う必要があるためです（図8.2）。

　古典ビットであれば、電圧の高い状態と低い状態を"0"と"1"に対応させればよいので、通常の電子回路で実現できました。論理ゲートも半導体で作られたトランジスタを組み合わせることによって作ることができます。例えば、電子回路内部の電圧0Vを"0"状態、5Vを"1"状態とすればビットができ、トランジスタによって電圧を制御することで論理ゲートが実現できます。実際にそのようにして我々のコンピュータも作られています。

　一方量子ビットは、波（確率振幅と位相）の性質を持っていることを思い出してください。量子ビットの波の性質は、量子力学の性質に基づいています。そのため、量子ビットは、量子力学的な現象を使って作る必要があり、その他の方法で疑似的に作り出すということはできません。逆に量子ビットを量子力学的な現象以外を使って疑似的に作り出したとしても、それで効率的な量子計算を行うことはできずそれは量子コンピュータとは呼べません。

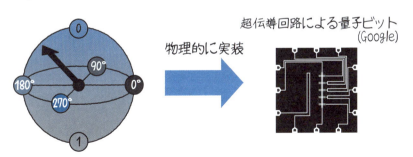

図8.2　量子コンピュータは量子力学的な現象を使って作る

量子力学的な状態（量子状態）により量子ビットを作り、その量子状態を制御することで、量子的な操作が実現されます。量子状態はとても壊れやすいので、壊さないように制御することが必要です。量子ビットの代表的な実現方法とその概要、開発企業を表8.1に示しました。

表8.1　代表的な実現方法

実現方法	概要	代表的な企業
超伝導回路	希釈冷凍機により10^{-2}K程度の極低温にまで冷却した超伝導状態の電子回路により量子ビットを実現。電子回路内にジョセフソン素子が用いられる。マイクロ波パルスなどにより量子ゲート操作を行う。	Google、IBM、Intel、Rigetti、Alibaba、D-Wave
トラップイオン／冷却原子	イオントラップとレーザー冷却により並べたイオンにより量子ビット（トラップイオン）を実現。レーザー光を照射することで量子ゲート操作を行う。また磁場とレーザー冷却により中性原子をトラップし量子ビットを実現（冷却原子）。	IonQ
半導体量子ドット	半導体ナノ構造である量子ドットを使い電子を閉じ込めることで量子ビットを実現。半導体集積技術を応用可能。	Intel
ダイヤモンドNVセンター	ダイヤモンド中の窒素空孔欠陥における電子スピンや核スピンを利用。常温で動作可能な点が強み。	
光学的量子計算	非古典的な光により量子計算を実現。連続量と単一光子を使うものが研究されている。測定型量子計算の利用も。	XANADU
トポロジカル	トポロジカル超伝導体によりマヨラナ粒子を実現。ノイズに強い量子ビットを実現。ブレイディング（組紐）により量子計算を行う。	Microsoft

　たくさんの量子ビットと量子ゲートを実現するのは、現在の技術レベルをもってしても非常に難しく、今世界中で活発に研究開発がなされています。例えば、数ミリケルビン（絶対零度が0ケルビンであり-273.15℃、1ミリケルビンは絶対零度から0.001℃だけ温度が上昇した状態）という極低温まで冷やした超伝導の電子回路によって量子ビットを実現することができます。または、原子をイオン化してトラップし、イオン1個ずつを量子ビットとして用いることができます。その他にもさまざまな実現方法があります。表の企業欄に企業名がない方法も、世界中の大学などの研究機関で研究開発が行われています。超伝導回路やトラップイオンによる量子コンピュータが現状有望とみられており、多くの研究機関が研究開発を行っていますがその他の方法もスタンダードになる可能性はあり、未だささまざまな方法が研究されている段階です。

8.3 ‖ 超伝導回路

現在、「量子コンピュータの主流になるのでは？」と注目されており、IBM、Googleといった大企業でも開発されているのが、超伝導回路による量子ビットの実現方式です。

8.3.1 超伝導回路による量子ビットの実現

極低温に冷却したある種の金属は、電気抵抗が0の超伝導状態になります。超伝導状態は量子力学でしか説明できない現象であり、この状態の金属によって作られた電子回路（超伝導回路）は、量子性を強く示すため、これにより量子ビットを実現することができます。量子性を強く示すとはつまり、測定するまでは波の性質を持った重ね合わせ状態を実現できることを意味します。超伝導回路によって、0と1の重ね合わせ状態を実現することができるのです。

世界で最初に、超伝導回路による量子ビットを実現したのは、当時NECの中村 泰信（現在東京大学）教授、蔡兆申（現在東京理科大学）教授らでした。彼らは、1999年に超伝導回路による量子ビットの動作を確認しています。そこから、世界中で研究が進められ、当初1ナノ秒だったコヒーレンス時間（量子性の寿命）は、現在数十マイクロ秒程度（数万倍！）まで飛躍的に向上しました。

8.3.2 ジョセフソン接合

超伝導回路では、ジョセフソン接合と呼ばれる構造を作ることによって量子ビットを実現します。このジョセフソン接合は、超伝導−絶縁層−超伝導のシンプルなサンドイッチ構造です（図8.3）。通常絶縁層は電気を通さないのですが、非常に薄い1nm程度の絶縁層では電子の波の性質によって絶縁層をすり抜ける（電流が流れる）ことが可能で、これをトンネル効果と呼びます。これが超伝導下で実現されると、量子ビットに必要な非線形性と呼ばれる性質を獲得することができ、超伝導量子ビットを実現することが可能となります。

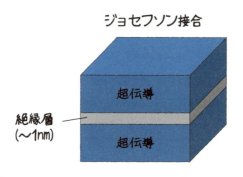

図8.3 ジョセフソン接合

　超伝導回路にはおもにアルミニウムやニオブといった金属が使われます。この超伝導量子ビット回路と制御用の回路が集積されたチップ（量子チップ）は、超伝導状態にするために数mKという極低温に冷やす必要があります。そのために希釈冷凍機と呼ばれる特殊な冷凍機の中に、この量子チップを入れて動作させます。超伝導回路による量子ビットは、回路の一部として構築されているので、これを動作させるにはさまざまな制御用回路を周りにつけて、量子状態の制御や読み出しを外部から行います。

8.3.3　トランズモンと磁束量子ビット

　代表的な超伝導回路による量子ビット実現の方式に、**トランズモン**と**磁束量子ビット**の2タイプがあります。

・トランズモン
　トランズモンでは、ジョセフソン接合の非線形性によりエネルギー準位間隔を不均一にすることにより、2準位系を用意し量子ビットとしています。主に量子回路モデルの量子コンピュータ実現に用いられ、ノイズに強くコヒーレンス時間が長いことが特徴です。量子ビット数は現在およそ数十量子ビット程度です。

・磁束量子ビット[*1]
　磁束量子ビットは、ジョセフソン接合を含む超伝導回路のループ構造を作り、ループ内の電流の右回りと左回りによって、"0"状態と"1"状態の重ね合わせ状態を実現しています。現在は主に量子アニーリングに用いられており、コヒーレンス時間はトランズモンに劣りますが、D-Wave Systemsによってすでにおよそ2000量子ビットが実現されています。

---

*1：磁束量子ビットも前述の最初の量子ビット実現の4年後2003年に中村泰信氏らによって開発されている

図8.4 超伝導回路による量子ビット[*2]

　量子ビットの数が多い方が大規模な計算ができます。しかし、量子回路モデルと量子アニーリングの量子ビット数を直接比較してはいけません。量子回路モデルの開発を行っている各社と量子アニーリングのD-Waveマシンでは、実現されている量子ビット数が2桁も違うのには理由があります。これは、量子回路モデルで用いられているトランズモン型の量子ビットと量子アニーリングで用いられている磁束量子ビット型は、現状量子ビットそのものの「性能」が大きく異なるからです。量子ビットの性能の重要なものとして「コヒーレンス時間」と呼ばれる指標があります。このコヒーレンス時間とは、量子ビットが量子力学的な性質を保てる時間であり、いわば量子ビットの寿命を意味します。つまり、量子計算にかかる時間に比べてコヒーレンス時間が長い方が量子ビットの性能が高く、ひいては計算能力が高いということになります。

　先ほど説明した通り、量子ビットには「確率振幅」と「位相」という2つの性質がありますが、この2つの性質が失なわれるまでの時間がコヒーレンス時間です。コヒーレンス時間が短いと計算途中にノイズが入ってしまい計算精度が劣化します。

　このコヒーレンス時間が、量子回路モデルに用いられるトランズモンでは現在およそ数十マイクロ秒（10^{-6}秒）程度であるのに対して、D-Waveマシンの磁束量子ビットでは、数十ナノ秒（10^{-9}秒）であると考えられています。

　量子回路モデルの計算には量子ゲート操作にかかる時間に比べて十分に長いコヒーレンス時間が必要です。コヒーレンス時間の間に、多くの量子ゲート操作をしなければならないからです。一方、量子アニーリングでは、もちろん、コヒーレンス時間が長いに越したことはないのですが、現状コヒーレンス時間よりも計算時間が長いとい

[*2]：川畑史郎, 量子アニーリングのためのハードウェア技術. OR学会, 2018, 6月号, 335-341を参照

う実験事実があり、それでもある程度の精度で安定した計算結果を得ることができるのかどうか、そこに量子性の効果はあるのかどうかについては現在研究が進められています[*3]。

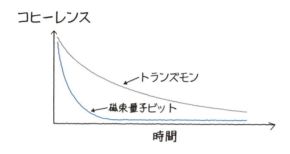

図8.5　量子ビットのコヒーレンス時間のイメージ

8.3.4　NISQによる量子スプレマシーの実証

　超伝導回路による量子コンピュータ開発企業の主要プレーヤは、2019年5月現在、Google、IBM、Intel、Rigetti Computing、Alibabaなどであり、各社研究機関と組んでトランズモン量子ビット、数〜数十量子ビットの量子コンピュータを開発しています。現状は、50〜100量子ビットのNISQ(Noisy Intermediated-Scale Quantum(Computer))を開発し、実機による量子スプレマシー（量子超越性）を実現することが当面の目標です。量子スプレマシーとは、現在の最高性能の古典コンピュータ（つまりスパコン）でもそのふるまいを模擬（シミュレート）できない計算を実証することを意味し、例えば50量子ビットで40回の量子ゲート操作をそれぞれエラー率0.2%で実現するといった目標が掲げられています。また、NISQを使った有用な量子アルゴリズムの開発も進められており、"実用的な"量子コンピュータへの期待も高まっています。

---

*3：西森秀稔、大関真之. 量子アニーリングの基礎. 2018を参照

8.4 トラップイオン／冷却原子

超伝導回路が大きな注目を集めている一方、その他の方式も着実に研究が進められています。すべての物質は原子でできています。原子は、プラスの電荷を持つ原子核とマイナスの電荷を持つ電子から成り、プラスとマイナスの電荷が同じ場合「中性原子」、異なる場合「イオン」と呼ばれます。この中性原子やイオンを、レーザー光と磁場により空中にトラップする技術が確立されており、これにより単一の原子を個別に直接操作することが可能となります。単一の原子は、そのまま量子ビットとして用いることができるのです。

8.4.1 トラップイオンによる量子ビット

イオンをレーザー光と磁場により空中にトラップ（捕捉）して、直接操作をするトラップイオンによる量子ビットの実現方式は、最も早く量子ビットの操作が実現された方式です。1995年に2量子ビットのイオンを用いた量子計算実験がアメリカのデイヴィッド・ワインランド（David Wineland）、クリストファー・モンロー（Christopher Monroe）らのグループによって確認されました（図8.6）。

ワインランドは、中性原子を用いた量子制御の研究を行なっていたフランスのセルジュ・アロシュ（Serge Haroche）とともに、2012年にノーベル賞を受賞し、モンローは現在IonQというベンチャー企業を設立してトラップイオンによる量子コンピュータの実現をめざしています。

デイヴィッド・ワインランド

クリストファー・モンロー

図8.6 本方式に貢献している研究者

電磁場によってイオンを空中にトラップするイオントラップの技術は、質量分析法や精密磁場計測、原子時計などの目的で発展していました。この技術は1989年にノーベル物理学賞を受賞しています。また、レーザーを用いてイオンを極低温に冷却する技術（レーザー冷却）も長年研究されており、この技術も1997年にノーベル物理学賞を受賞しています。

　そこに、1995年、イグナシオ・シラク（Ignacio Cirac）、ピーター・ゾラー（Peter Zoller）のトラップイオンによる量子計算（2量子ビット間のCNOTゲート）の提案があり、その後すぐにモンロー、ワインランドによってこれが実験的に実現されました。

　イオンを空中で一列にトラップし、個別にレーザー光を照射することで量子操作を行う本方式は、イオン列全体の集団振動現象を介して各イオンが他のすべてのイオンと相互作用ができる全結合であることが特徴です（図8.7）。ベンチャー企業のIonQでは、チップ状にイッテルビウムの陽イオンをトラップして量子コンピュータを実現しており現在数十量子ビットを実現しています。

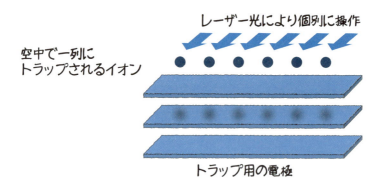

図8.7　トラップイオン方式

8.4.2　冷却中性原子による量子ビット

　他にも、光を閉じ込める共振器の中に、レーザー冷却により冷却された中性原子をトラップすることで光と原子を強く相互作用させて、光子または原子を量子ビットとして使用する方式（共振器QED）や、リュードベリ状態と呼ばれるイオンに近い状態の中性原子を用いる方式（リュードベリ原子、光格子を用いた量子シミュレーションなど）があります（図8.8）。

・共振器QED

　QEDはQuantum Electro-Dynamicsの略で、量子電気力学の意味です。ミラーを2つ向かい合わせると、光を閉じ込めておくことができる共振器を構成することができ、2つのミラーの間にレーザー冷却した原子をトラップすることにより、光と原子の量子的な相互作用を引き起こすことができます。この構成を使うことで、例えば原子の状態を量子ビットに対応させ、光を介して量子的な操作を行うことができます。

・リュードベリ原子［Rydberg atom］

　原子核のはるか遠くを電子が回るような状態をリュードベリ状態と呼び、この状態の原子を作り出すことによって強く量子的な相互作用を実現できます。この状態の原子を使って量子的な操作を行い、量子シミュレーションなどが実際に行われています。

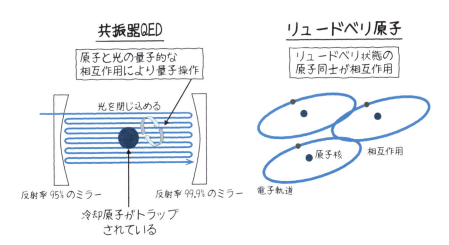

図8.8　冷却中性原子による量子ビット

・光格子を用いた量子シミュレーション

　異なる角度から入射した複数のレーザー光の干渉によって、卵のパックのような原子の容れ物（＝光格子）を作り、この容れ物の中に原子を1つずつ入れて、原子同士の相互作用を引き起こすことで量子系のシミュレーションを行います。

8.5 半導体量子ドット

　半導体であるシリコン（ケイ素）やガリウム砒素による量子ビットの実現方式（半導体量子ドット）は、これまでの（古典）コンピュータ開発によって高度に洗練されて来たトランジスタ製造技術、特にシリコンの微細加工・集積化技術を大いに生かすことができると期待されています。1998年に半導体量子ドットを用いた量子コンピュータの提案がなされ、2006年〜2011年頃にこの方式による量子ビットや量子ゲート操作が実現されました。現在、数量子ビットを高精度に制御する方法が開発されています。

　「**量子ドット**」とは、固体中で電子1つを外部から隔離することで、他の電子からの影響を排除する仕組みのことです。超伝導回路と同様に隔離された電子を極低温に冷却することで、安定した量子ビットを実現することができます。半導体を用いて量子ドットを作り、電子の「スピン」という性質を利用して量子ビットとする方法が有望視されています。2種類の半導体（GaAsとAlGaAsなど）の境界を張り合わせると、この境界面で電子が自由に動き回るようになります。そこに、上に電極を付けて電磁場による壁（ポテンシャル）を作ることにより、四方を塞ぎ電子を閉じ込めることができます（図8.9）。このようにして閉じ込めた電子の状態を、周りに取り付けた他の電極によって制御したり読み出したりすることにより、量子ビットを操作することが可能となります。Intelは、超伝導回路だけでなく、こちらの方式にも参入しており、注目されています。

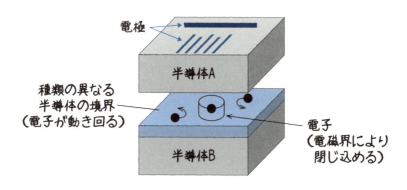

図8.9　シリコンスピン

8.6 ダイヤモンドNVセンター

　8.5節の半導体量子ドットが極低温まで冷却しなくてはならないのに対して、この方式は室温でも量子ビットを実現できる可能性があります。ダイヤモンド（炭素の結晶）は、炭素原子が規則正しく並んだ非常に硬い（安定した）結晶構造ですが、本来炭素があるべきところに窒素の原子が置き換わってしまうと、隣接する位置には炭素も窒素もない空孔（くうこう）ができます。この部分は**窒素—空孔中心（Nitrogen-Vacancy Center: NVセンター）**と呼ばれ、電子スピンや核スピンを用いて室温でも安定した量子ビットを実現することができるようになります（図8.10）。このNVセンターの存在によってダイヤモンドは紫やピンクっぽい色になるようです。

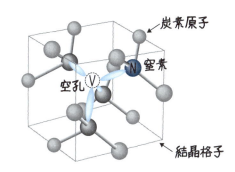

図8.10　ダイヤモンドNVセンター

　ダイヤモンドNVセンターは、室温で長時間安定して量子状態を保持できると考えられており、量子通信向けの量子メモリーや中継器（量子リピーター）としての応用も期待されています。量子情報をやり取りする量子通信の中でも、現在すでに量子暗号が実用化に向けて研究開発が進められており、実証実験等も行われています。量子暗号を含む量子通信技術について本書では詳しく扱いませんが、量子コンピュータよりも早く実用化するのではと期待されており、地上だけでなく宇宙での量子通信技術が各国で研究されています。ダイヤモンドNVセンターは、量子ビットだけでなく、量子通信技術の重要な要素技術である量子メモリーや量子リピーターとしても注目されているのです。

　またさらに、磁場等の微小な変化を捉える高感度な量子センサーとしての応用も期待されており、世界中で研究が進められています。

8.7 光を用いた量子ビット

上記の超伝導回路や原子を用いた量子ビットとは異なり、レーザー光のような「光」そのものに量子ビットの役割を担わせることも可能です。この方法は室温動作可能で、シリコンフォトニクスと呼ばれる光導波路チップ製造技術や光ファイバーなどの光通信技術と組み合わせることで量子コンピュータを実現できる可能性があります。

8.7.1 光子を用いた量子計算

量子力学では、光は波であり粒子でもある存在です。光の粒子性は、「光子（フォトン）」と呼び小さな光の粒として扱うことができます。この光子を量子ビットとして用いる方法が研究されています。光子は微弱な光そのものであるため、これを用いた量子コンピュータは室温で動作させることができ、光ファイバー通信との相性もよいため期待されています。光子を量子ビットとする方式では、単一の光子を放出する光源（単一光子源）が必要ですが、高効率な単一光子源を実現するのは容易でなく、現在も研究が進められています。単一光子源から放出された光子は、光の振動方向（偏光）などを量子ビットとして用いることができ、光の量子回路に入力して量子的な操作を行うことで量子計算を実現します。主な量子操作の方法2つを以下で紹介します。

・線形光学方式
　一部の光を透過する鏡（ビームスプリッター）や位相シフターといった線形光学素子による光子の操作と光子検出器の非線形性を活用した量子計算手法であり、確率的にしか行えない操作もあるが量子テレポーテーション回路などを組み込むことで万能量子計算を実現することができる。

・共振器QEDを利用した方式
　線形光学素子と第8.4.3項でも紹介した共振器QEDを利用することで光子の量子操作を行う方式。線形光学素子によって1量子ビットゲート、共振器中の原子との相互作用によって高効率な2量子ビットゲートを行うことができ、効率的な量子計算を実現することができる。

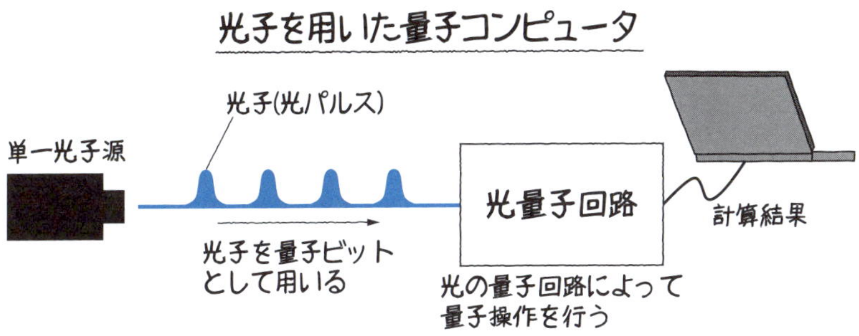

図8.11　光子を用いた量子コンピュータ

8.7.2　連続量を用いた量子計算

　光による量子ビットを実現するために、スクイーズド光と呼ばれる特殊な光を用いる方式があります。スクイーズド光とは、通常のレーザー光（コヒーレント光と呼ばれる）に比べて電場のゆらぎを変化させ、特殊な光子数分布などを持たせることにより、量子性を強めた光の状態を言います。このスクイーズド光は、レーザー光を特殊な結晶に入射することで生成することができます。スクイーズド光を用いると、連続量量子計算というこれまで説明してきた光子の量子ビットを用いた量子計算とは異なる方式の量子計算を行うことができます。連続量量子計算の量子ビットに対応する「量子モード」は"光の状態"によって実現され、光の状態を逐一変化させていく操作によって量子計算を行います。東京大学の古澤明教授のグループやカナダのベンチャー企業XANADUが本方式の研究を行っています。

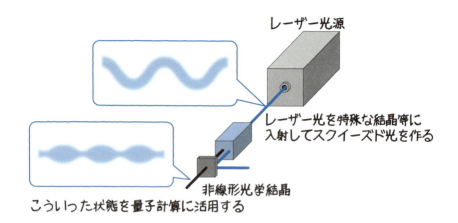

図8.12 光を用いた量子ビット

8.8 トポロジカル超伝導体

　量子回路モデルと計算量的に等価な量子計算モデルに、トポロジカル量子計算という方式があります（第6章コラム）。この方式は、「ブレイディング（組紐）」という数学の理論を用いて量子計算を行うもので、これを実現する1方式として**マヨラナ粒子**と呼ばれる粒子を用いる方法があり、**トポロジカル超伝導体**を用いることでこの粒子を作り出すことができると期待されています（図8.13）。

　トポロジカル超伝導体を用いた量子コンピュータの実現方式は、ノイズ耐性に優れた方式と期待されており、Microsoftが力を入れて研究開発を進めています。

　Microsoftでは微小なワイヤー（ナノワイヤ）を超伝導体に接合したトポロジカル超伝導体を実現し、トポロジカル量子計算を行う研究を行っています。この方式の研究はまだ始まったばかりであり、実現自体にかなりの困難が見込まれています。

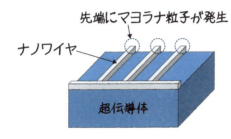

図8.13　トポロジカル超伝導体のイメージ

COLUMN

純粋状態と混合状態

　量子コンピュータの勉強を始めると、「純粋状態」と「混合状態」という言葉が出てきます。特に、量子コンピュータのエラーを扱う場合などに、「混合状態」という考え方が重要になります。また、量子ビットにおける「重ね合わせ状態」の理解を深めるためにも、ぜひ知っておくべき概念ですのでここで紹介します。

・純粋状態

　純粋状態とは、例えばこれまで説明していた量子ビットの状態そのものです。これは、純粋な量子状態であるため、純粋状態と呼ばれます。これまで説明したように、純粋状態の1量子ビットは、αとβの2つの複素数（複素振幅）を用いてあらわされ、これらの複素数の絶対値の2乗が確率となります。この複素数は波を表しており、この波の振幅を「確率振幅」と呼ぶのでした。この「確率振幅」は、量子力学特有の「確率」であり、これを"量子的な確率"と呼びましょう。

・混合状態

　一方、私達が普段生活しているときも、例えばサイコロを振る、あるいはコイントスの時などに確率を良く使います。そういう場合の確率はたいてい量子力学とは関係ない確率であり、これを"古典的な確率"と呼びましょう。古典的な確率が含まれる状況の場合は、混合状態と呼びます。

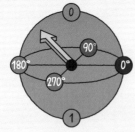

図8.14　量子的な確率と古典的な確率

　以上のように、量子力学では、"量子的な確率"と"古典的な確率"の2種類の確率があるため、最初は混乱することが予想されます。以下の例で、この2つの確率の違いを説明してみましょう。

・純粋状態と混合状態の違い

　AさんとBさんが「箱の中身当てゲーム」をしています(図8.15)。Aさんが用意した箱の中に1量子ビットが入っていて、AさんがBさんに箱の中の量子ビットが"0"か"1"かを尋ねています。

　状況①のように、Aさんが均等な重ね合わせ状態の1量子ビットを箱の中に入れたとしましょう。この量子ビットは純粋状態であり、量子的な確率として0か1のどちらが出るかは測定するまでわかりません。つまり、AさんもBさんも"0"が出るか"1"が出るかはわからない状況となっています。

　また、状況②のように、Aさんはランダムに|0⟩か|1⟩を選び箱の中に入れるとします。ここでは、Aさんが|1⟩状態に確定している量子ビットを箱の中に入れたとします。この場合はAさんにとっては必ず"1"が出ることが確定していますが、Bさんにとっては、状況①と同様に"0"が出るか"1"が出るかはわからない状況です。このような状況のとき、Aさんにとっては純粋状態ですが、Bさんにとって箱の中は、"古典的な確率"であり、"混合状態"になっていると言います。BさんはAさんが何を選んだのか知らない状況です。

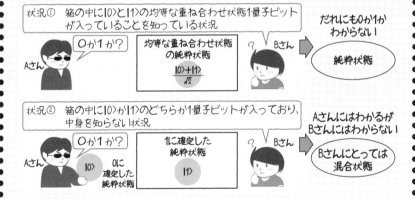

図8.15　純粋状態と混合状態

　ここでのBさんのように、量子力学では同じ確率50%でも"量子的な確率"か"古典的な確率"かを区別して扱う必要があります。ではなぜ、この2つの確率を区別する必要があるのでしょうか？　その答えを簡単な例で説明します。

・古典的な確率には「干渉効果」がない

状況②のような古典的な確率で0か1がでるような確率ビットを考えてみましょう。この確率ビットに、例えばHゲートをかけてみます。箱の中が$|0\rangle$の場合も$|1\rangle$の場合も、Hゲートにより、（$|1\rangle$の場合は位相の反転した）$|0\rangle$と$|1\rangle$の均等な重ね合わせ状態に変化します。これを計算基底で測定してみると、Hゲートをかける前に$|0\rangle$だった場合も$|1\rangle$だった場合も$|0\rangle$が出るか$|1\rangle$がでるかは50%ずつとなります。

　一方、状況①のような量子的な確率の重ね合わせ状態の量子ビットにHゲートをかけると、Hゲートを2回かけると元に戻る性質があるので、位相の揃った均等な重ね合わせ状態は$|0\rangle$状態になります。そのため、この量子ビットを計算基底で測定すると必ず$|0\rangle$がでます。これは、量子ビットの干渉効果により、$|1\rangle$が出る量子的な確率(確率振幅)が弱め合いの干渉によって打ち消し合ったと考えることもできます。

　このように、古典的な確率を持つ確率ビットを量子計算に用いると、干渉効果がないために正しい量子計算を行うことができないのです。

　量子計算では、量子ビットのもつ"量子的な確率" という特徴が用いられるため、純粋状態を十分高い割合で持つ量子ビットが不可欠です。そのため、"古典的な確率"を持つ確率ビットや量子ビットもどきを作ってみても量子計算を行うことはできません。

・デコヒーレンス

　量子的な確率を持つ量子ビット（純粋状態）が、古典的な確率（混合状態）に変化してしまうことを、デコヒーレンスと呼びます。コヒーレンスは、可干渉性の意味で、「干渉する」つまり波の性質を保っているということを意味します。このコヒーレンスを保っていられる時間をコヒーレンス時間と呼び、コヒーレンスがなくなることをデコヒーレンスと言います。量子ビットの寿命であるコヒーレンス時間は、外界からのノイズによってデコヒーレンスがおこり、純粋状態が壊れて混合状態になってしまう時間のことです。また、量子エラー訂正によってデコヒーレンスによっておこるエラーを訂正することができ、量子計算がおわるまでエラー訂正符号によって守られた量子ビットのコヒーレンス時間を延ばすことができれば、誤り耐性のある量子計算を実現することができます。

COLUMN
量子コンピュータの計算方法のまとめ

計算方法をまとめてみましょう。図に量子回路モデルと量子アニーリングの量子計算の流れを示します。

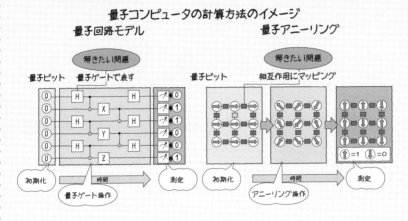

図8.16 量子コンピュータの計算方法

第1.2.1項で説明に用いた量子コンピュータの動作の基本の3ステップ（量子ビットの初期化、量子的な操作、計算結果の読み出し）に対応して示しています。量子回路モデルも量子アニーリングも、まずは量子ビットを用意して初期化を行います。通常量子回路モデルではすべて"0"状態に初期化します。一方量子アニーリングでは横磁場によりすべて"0"と"1"とが50%ずつの状態に初期化します。そして、量子ゲート操作またはアニーリング操作といった量子的な操作を量子ビットに施すことで計算を行います。ここで、解きたい問題は、量子ゲートの場合は量子ゲートの組み合わせによって表されており、量子アニーリングの場合は最初に設定する量子ビット同士の相互作用にマッピングします。そして、最後に量子ビットの状態を測定することで、計算結果を読み出します。

参考文献

第1章

スコット マッカートニー. エニアック-世界最初のコンピュータ開発秘話（日暮雅通 訳）. パーソナルメディア, 2001

R. P. ファインマン, A. ヘイ, R. アレン. アレンファインマン計算機科学（原康夫, 中山健, 松田和典 訳）. 岩波書店, 1999

ジョン グリビン. シュレーディンガーの猫、量子コンピュータになる.（松浦俊輔 訳）. 青土社, 2014

古田 彩. 二人の悪魔と多数の宇宙:量子コンピュータの起源. 日本物理学会誌59巻8号, 2004

第2章

ランス フォートナウ. P≠NP予想とはなんだろう ゴールデンチケットは見つかるか?（水谷淳 訳）. 日本評論社, 2014

第3章

森前智行. 量子計算理論 量子コンピュータの原理. 森北出版, 2017

第4章

コリン ブルース. 量子力学の解釈問題―実験が示唆する「多世界」の実在 (ブルーバックス). 講談社, 2008

第7章

田中宗他. 量子アニーリングの基礎と応用事例の現状. 低温工学 53 第5号, 2018, 287-294

川畑史郎. 量子コンピュータと量子アニーリングマシンの最新研究動向. 低温工学 53 第5号, 2018, 271-277

大関真之. 量子アニーリングによる組合せ最適化. OR学会 6月号, 2018,326-334

川畑史郎. 量子アニーリングのためのハードウェア技術. OR学会 6月号, 2018, 335-341

Denchev, Vasil S., et al. What is the computational value of finite-range tunneling?. Physical Review X 6.3, 2016, 031015.

第8章

川畑史郎. 量子アニーリングのためのハードウェア技術. OR学会 6月号, 2018, 335 (2018).

●量子コンピュータの書籍

竹内繁樹. 量子コンピュータ―超並列計算のからくり（ブルーバックス）. 講談社, 2005
　量子コンピュータの基本が平易な文章で解説されています。本書の3〜6章執筆にあたり参考にさせて頂きました。

西野哲朗. 図解雑学 量子コンピュータ. ナツメ社, 2007
　量子コンピュータの基本が、トピックスごとに絵を使って解説されています。

ミカエル ニールセン, アイザック・チャン. 量子コンピュータと量子通信I〜III（木村達也 訳）. オーム社, 2004
　通称"ニールセンチャン"。量子コンピュータの定番の教科書です。大事なことはほとんどこの本に載っています。現在、英語版の方が手に入りやすい模様です。

宮野健次郎, 古澤明. 量子コンピュータ入門（第2版）. 日本評論社, 2016
　量子回路や量子アルゴリズムに入門する際に便利な教科書です。

中山茂. 量子アルゴリズム. 技術堂出版, 2014
　基本的な量子アルゴリズムが網羅されている教科書です。

森前智行. 量子計算理論 量子コンピュータの原理. 森北出版, 2017
　計算量理論等の専門的な内容も多く含まれていますが、量子コンピュータの本質に関わる重要なことが多く書かれています。

小柴健史, 藤井啓祐, 森前智行. 観測に基づく量子計算. コロナ社, 2017
　測定型量子計算についての専門書です。量子誤り訂正、測定型トポロジカル量子計算についても解説されています。

西森秀稔, 大関真之. 量子コンピュータが人工知能を加速する. 日経BP社, 2016
　量子アニーリングについて書かれている一般書です。

西森秀稔、大関真之. 量子アニーリングの基礎（基本法則から読み解く物理学最前線 18）. 共立出版, 2018
　量子アニーリングについて、専門的なことまで書かれている解説書です。

穴井宏和, 斎藤努. 今日から使える組合せ最適化 離散問題ガイドブック. 講談社, 2015
　組合せ最適化について解説されています。本書の7章執筆にあたり参考にさせて頂きました。

コリン・ブルース. 量子力学の解釈問題―実験が示唆する「多世界」の実在（ブルーバックス）（和田純夫 訳）. 講談社, 2008
　量子力学で重要な「測定」について詳細に解説されています。

神永正博. 現代暗号入門 いかにして秘密は守られるのか（ブルーバックス）. 講談社, 2017
　現在使われている暗号技術について解説されています。

石坂智, 小川朋宏, 河内亮周, 木村元, 林正人. 量子情報科学入門. 共立出版, 2012
　量子情報理論に関して非常に充実した日本の研究者による教科書です。

占部伸二. 個別量子系の物理 -イオントラップと量子情報処理-. 朝倉書店, 2017
　トラップイオン方式の量子コンピュータについての解説が含まれている教科書です。

日経サイエンス 日経サイエンス社
　量子コンピュータに関する話題を頻繁に扱っている月刊誌です。本書でも、2016年8月号「特集　量子コンピューター」、2018年2月号「緊急企画　日本版「量子」コンピューター」、2018年4月号「特集　量子コンピューター　米国の開発最前線を行く」、2019年2月号「特集　最終決着　量子もつれ実証」を参考にしました。

INDEX

● 数字・アルファベット

ANDゲート	64
BQPクラス	35
CNOTゲート	72
CXゲート	72
FPGA	14
GPU	14
G回路	105
Hゲート	71
IBM Q	20
IQFT回路	96
NANDゲート	64
NISQ	17
NORゲート	65
NOTゲート	64
NPIクラス	36
NP完全クラス	36
NPクラス	35
NP困難クラス	36
OpenFermion	116
ORゲート	65
Pクラス	35
QFT回路	95
QPU	116
qubit	38
SWAP回路	79
Sゲート	84
Tゲート	79
VQE	112
XORゲート	65
Xゲート	69

Zゲート	70

● あ行

アスペの実験	78
アダマールゲート	71
アニーリング操作	138
暗号解読	29
イジングモデル	9、122
位数発見	110
位相	41、48
位相フリップゲート	70
エネルギー	125
エネルギーランドスケープ	132
エンタングル状態	76
オーダー	28

● か行

可逆計算	82
確率振幅	55
隠れた周期性	110
重ね合わせ状態	40
干渉	47、91
干渉効果	91
機械学習	3
基底状態	123、132
強磁性	123
共振器QED	154
極所最適解	131
近似理論	45

組合せ最適化	129
組合せ最適化問題	29
クルックス管による実験	46
グローバーオペレータ	105
グローバーのアルゴリズム	103
グローバルミニマム	134
計算資源	33
計算複雑性	35
計算量理論	35
原子	45
交換ゲート	79
高速計算	91
古典計算	5、46
古典計算機	5
古典ビット	38
古典物理学	5
古典量子のハイブリッド	23
コヒーレンス時間	31
コヒーレントイジングマシン	144
コペンハーゲン解釈	75
混合状態	162
コンピュータの限界	4

● さ行

最急降下法	133
サイン波	48
サンプリング	31
磁束量子ビット	150
シミュレーテッドアニーリング	134
射影	43
周期	48
周期性発見回路	96
シュレディンガーの猫	100
シュレディンガー方程式	84
純粋状態	162
ショアのアルゴリズム	97、108
ジョセフソン接合	149
真理値表	64

スーパーコンピュータ	17
数理最適化	128
数理モデル	128
スクイーズド光	159
スピン	122
制御ビット	72
線形光学方式	158
全体のエネルギー	125
素因数分解	29
相互作用	123
測定	42
測定型量子計算	100、118

● た行

ダイヤモンドNVセンター	157
多項式時間で解ける問題	26
多項式時間での解法が知られていない問題	27
足し算回路	80
多量子ビットゲート	67
断熱量子計算	119
超伝導回路	149
デコヒーレンス	100
電子	45
統計力学	122
解けない問題	26
特化型	9
トポロジカル超伝導体	161
トポロジカル量子計算	119
トラップイオン	153
トランズモン	150

● な行

波	46
波の性質	48
ニスク	17
ニューロモーフィックチップ	14

ノイズ	18	ミリカンの実験	46
ノイマン型コンピュータ	14	ムーアの法則の終焉	33
		メタヒューリスティックス	130

● は行

波束の収縮	74		
ハミルトン閉路問題	103		
波紋	47		
反強磁性	123		
半導体デバイス	6		
半導体量子ドット	156		
万能型	8		
万能量子演算セット	79		
万能量子コンピュータ	6		
光	46		
引数	26		
非古典コンピュータ	7		
ビット	38		
ビットフリップゲート	69		
非ノイマン型古典アニーラー	144		
非ノイマン型コンピュータ	13		
非万能量子コンピュータ	7、16		
標的ビット	72		
表面符号	61		
フォールトトレラント量子計算	61		
複素数	54		
複素振幅	55		
ブラケット記法	53		
フラストレーション	124		
振幅	41、48		
ブロッホ球	41		
並列計算	81		
ベルの不等式の破れ	78		

● や行

焼きなまし操作	138
ヤングの2重スリット	47
ユニタリ時間発展	84
ユニバーサルゲートセット	79

● ら行

ランダウアーの原理	23、82
粒子	46
リュードベリ原子	154
量子アドバンテージ	16
量子アニーラー	9、136
量子アニーリング	9、31
量子エラー訂正	61
量子演算ユニット	116
量子回路	8
量子回路モデル	30
量子化学計算	29、112
量子計算	4、46
量子計算機	5
量子計算モデル	8
量子ゲート	8、65
量子ゲート操作	66
量子古典ハイブリッドアルゴリズム	112
量子コンピュータ	3
量子コンピュータのスペック	146
量子スピードアップ	16
量子スプレマシー	12、16
量子性	31
量子相関	87
量子多体系	113
量子チューリングマシン	118
量子的な操作	11

● ま行

マクロ	45
マヨラナ粒子	161
ミクロ	45

量子テレポーテーション	86
量子ビット	10、38
量子フーリエ逆変換	96
量子フーリエ変換	95
量子複製不可能定理	61
量子物理学	5
量子もつれ状態	74、86
量子モンテカルロ法	139
量子力学	4
冷却原子	153
連続最適化	129
ローカルミニマム	131
論理ゲート	64

索引

おわりに

　本書を最後まで読んで頂きありがとうございます。本書のおわりに、本書執筆に至る個人的な経緯を記します。

　私は大学院時代に細谷暁夫先生の量子情報の授業を聴講して量子コンピュータに興味を持ちました。そのころ読んだ竹内繁樹先生のブルーバックス『量子コンピュータ超並列計算のからくり』は、その頃の自分には難しすぎて挫折したことを覚えています。その後、就職して、2013年10月に有志で「量子情報勉強会」をはじめてから少しずつ勉強しました。その後2015年頃から、D-Wave SystemsやIBM、Googleによる量子コンピュータの研究開発がニュースに登場するようになり、翔泳社のWebマガジンCodeZineで「ITエンジニアのための量子コンピュータ入門」を連載する機会を頂くことができました。そして、翔泳社主催の「Developers Summit2018(デブサミ)」に登壇させて頂き、その時の講演がきっかけで本書執筆の機会を頂くことができました。2017年6月からは、MDR株式会社主催の勉強会に参加してMDRの湊様、加藤様、OpenQLプロジェクトの山崎様ら勉強会参加メンバーと共に、それぞれの得意分野の情報を共有して知識の幅を大幅に広げることができました。それにより、本書の扱う内容も量子回路モデルだけでなく、量子アニーリングやソフトウェア、ハードウェアのことにまで広げることができました。

　最後に、CodeZine連載の機会を頂きました翔泳社の近藤様、本書執筆時にアドバイスを頂きましたOpenQLプロジェクトの山崎様、OpenQL・MDRの勉強会参加者の皆さま、加藤様、久保様、門間様をはじめ量子情報勉強会のメンバーに大変お世話になりました。また、日立製作所研究開発グループ光情報処理研究部の星沢部長をはじめとした研究部の皆様のご支援に感謝します。そして、翔泳社の緑川様、監修して頂きました徳永様には本書の執筆に多大なご尽力を頂きました。ここに感謝申し上げます。

2019年6月吉日

宇津木　健

執筆者・監修者

宇津木 健（うつぎ　たける）

1987年10月　埼玉県生まれ

2003年4月-2006年3月　埼玉県立松山高校 理数科

2006年4月　東京工業大学 第5類入学

2007年10月-2008年9月　お笑い芸人になるため休学したが挫折

2011年9月　東京工業大学工学部 電気電子工学科卒業

2013年3月　東京工業大学大学院 総合理工学研究科（山口雅浩研究室）卒業

2013年4月　株式会社日立製作所 入社

2019年3月現在　研究開発グループに所属

2018年4月　早稲田大学大学院 理工学術院先進理工学研究科（青木隆朗研究室）
　　　　　　入学（社会人博士課程）

　東京工業大学大学院ではホログラフィックディスプレイなどの光情報工学の研究を行い、会社では光学技術の研究開発に従事、大学時代から量子コンピュータに興味を持ち、現在毎月都内で「量子情報勉強会」を主催。

徳永 裕己（とくなが　ゆうき）

1999年　京都大学総合人間学部卒業

2001年　東京大学大学院理学系研究科修士過程修了

2001年　日本電信電話株式会社　入社

2007年　大阪大学大学院基礎工学研究科博士課程修了　博士（理学）

2019年現在　日本電信電話株式会社　セキュアプラットフォーム研究所
　　　　　　　特別研究員

　量子情報技術の研究に従事。量子光学を基にした物理実装面から誤り訂正符号などの計算機科学の面まで量子情報技術の実現に向けた研究を幅広く行っている。

装丁＆本文デザイン	NONdesign 小島トシノブ
装丁イラスト	山下以登
DTP	株式会社 アズワン

絵で見てわかる量子コンピュータの仕組み

2019年 7月10日　　初版第1刷発行

著　者	宇津木 健（うつぎ たける）
監　修	徳永 裕己（とくなが ゆうき）
発行人	佐々木 幹夫
発行所	株式会社 翔泳社（https://www.shoeisha.co.jp）
印刷・製本	日経印刷 株式会社

ⓒ 2019 Takeru Utsugi

※本書は著作権法上の保護を受けています。本書の一部または全部について（ソフトウェアおよびプログラムを含む）、株式会社 翔泳社から文書による許諾を得ずに、いかなる方法においても無断で複写、複製することは禁じられています。
※本書へのお問い合わせについては、iiページに記載の内容をお読みください。
※落丁・乱丁の場合はお取り替え致します。03-5362-3705までご連絡ください。

ISBN978-4-7981-5746-7　　　　　　　　　　　　　　　　　Printed in Japan